优质长根菇标准化生产技术

王家才　袁瑞奇　王运杰　王宏青　主编

中原农民出版社

· 郑州 ·

图书在版编目（CIP）数据

优质长根菇标准化生产技术 / 王家才等主编. — 郑州 ： 中原农民出版社，2022.12
（河南省"四优四化"科技支撑行动计划丛书. 菜花果林药菌系列）
ISBN 978-7-5542-2669-8

Ⅰ. ①优… Ⅱ. ①王… Ⅲ. ①食用菌类－蔬菜园艺 Ⅳ. ①S646

中国版本图书馆CIP数据核字（2022）第234070号

优质长根菇标准化生产技术
YOUZHI CHANGGENGU BIAOZHUNHUA SHENGCHAN JISHU

出 版 人	刘宏伟
策划编辑	段敬杰
责任编辑	侯智颖
责任校对	王艳红
责任印制	孙 瑞
封面设计	奥美印务
版式设计	巨作图文

出版发行：中原农民出版社
　　　　　地址：郑州市郑东新区祥盛街 27 号　　邮编：450016
　　　　　电话：0371-65788199（发行部）　　0371-65788651（天下农书第一编辑部）
经　　销：全国新华书店
印　　刷：河南灏博印刷有限公司
开　　本：889 mm×1194 mm　1/16
印　　张：8
字　　数：185 千字
版　　次：2023 年 1 月第 1 版
印　　次：2023 年 1 月第 1 次印刷
定　　价：50.00 元

丛书编委会

主　编　康源春　张玉亭

副主编　袁瑞奇　孔维威　王家才　曹秀敏

参编人员（按姓氏笔画排序）

　　　　　王运杰　王志军　王宏青　王家才

　　　　　孔维威　杜适普　张玉亭　班新河

　　　　　袁瑞奇　郭　蓓　郭海增　黄海洋

　　　　　曹秀敏　康源春

本书编委

主　编　王家才　袁瑞奇　王运杰　王宏青

副主编　杜适普　黄海洋　郭　蓓　段亚魁

前　言

长根菇是北温带常见的一种土生木腐菌，分类学上隶属于担子菌门、泡头菌科、小奥德蘑属，为新开发应用的一个珍稀食药兼用真菌。长根菇不仅外形独特、肉质细嫩、柄脆可口、味道鲜美、营养丰富，还具有提高人体免疫力、降血压、修复胃黏膜、抗肿瘤等功效。1982 年，纪大干等首次对长根菇野生菌种进行了驯化研究，并探索出一套人工栽培的技术。此后，长根菇的人工栽培技术逐渐成熟并迅速在全国各地推广开来。长根菇栽培设施、设备简单，生产周期短，便于操作，广大农户都可以栽培，经济效益显著，市场前景广阔。发展长根菇生产，不仅在资源再利用和净化环境方面起着十分重要的作用，而且对于调整农业结构、促进农村经济发展、增加农民收入、助力乡村振兴都具有十分重要的意义。

为推动我国长根菇的健康发展，普及长根菇优质高产栽培技术，编者总结了近年来长根菇生产管理的经验，并融入最新的科研成果，编写了《优质长根菇标准化生产技术》一书。本书文字浅显易懂，辅以大量生产实践中的图片进行说明，力争把理论讲透，将实用技术介绍清楚。本书可为广大食用菌从业者参考使用，更可作为长根菇生产从业人员的入门资料，也可用于潜在栽培人员的培训。本书的出版得到了河南省农业科学院植物营养与资源环境研究所食用菌中心康源春主任的大力支持，还有河南省清丰县食用菌产业服务中心刘秋梅农艺师提供的一些精美图片及一些长根菇生产从业人员的帮助，在此一并表示感谢！

现阶段，从事长根菇基础研究的科研机构偏少，行业知识储备不足和更新速度较慢，加之编者水平有限，错误和疏漏之处不可避免，希望广大读者多提意见，让我们共同努力，为我国长根菇产业又好又快的发展添砖加瓦。

编　者

2022 年 7 月

目 录

第一章 长根菇的发展历程、现状与前瞻

导语：长根菇又名黑皮鸡枞菌、长根小奥德蘑、长根金钱菌，是北温带常见的一种土生的木腐菌。长根菇是刚开发应用的一个珍稀菇种，是食用菌中的上品，肉质细嫩，富含蛋白质、氨基酸，食用价值高。其子实体软嫩滑爽，柄脆适口，味美香浓。长根菇子实体含有多种营养物质，如人体必需氨基酸、矿物质元素、真菌多糖和少量微量元素等。长根菇的子实体、菌丝体及菌丝体发酵液中含有多种药用成分，具有温胃养脾、清肝利胆、镇静安神、缓解胃肠痉挛、提高巨噬细胞的吞噬能力、抑制肿瘤生长等功效。

第一节　概述

一、分类地位

长根菇（图 1 - 1），属真菌界、担子菌门、蘑菇亚门、蘑菇纲、蘑菇亚纲、蘑菇目、泡头菌科、小奥德蘑属。

中文别名：黑皮鸡枞菌、长根小奥德蘑、长根金钱菌、露水鸡枞、大毛草菌。

国内外专家陆续发现了许多长根菇变种。例如，杨祝良和臧穆（1993）报道了长根小奥德蘑原变种、长根小奥德蘑鳞柄变种、长根小奥德蘑双孢变种和长根小奥德蘑白色变种 4 个长根菇变种。杨祝良等（2009）又把长根菇以及与之亲缘关系相近的种分到了一组，总称为长根组。

图 1 - 1　长根菇

二、分布

呈世界性分布，亚洲、非洲、大洋洲、欧洲均有分布。我国云南、河北、吉林、江苏、浙江、安徽、福建、河南、广东、广西、海南、四川、西藏、台湾等地均有分布。

三、营养价值与经济价值

（一）营养价值

长根菇富含蛋白质、氨基酸、脂肪、碳水化合物、维生素、微量元素以及真菌多糖、三萜类化合物、朴菇素、生物碱、牛磺酸、磷脂等多种营养成分，有较高的食用价值，特别是其多发生于其他食用菌较少的夏秋季节，因而更显珍贵。江枝和等（2003）研究发现长根菇中含有丰富的苏氨酸、蛋氨酸、胱氨酸、缬氨酸、异亮氨酸、亮氨酸、苯丙氨酸、酪氨酸和赖氨酸等。其中蛋氨酸和胱氨酸含量总和分别比大杯蕈和虎奶菇高 1.48 倍和 1.67 倍，缬氨酸含量分别比大杯蕈和虎奶菇高 1.07 倍和 1.22 倍。长根菇肉质细嫩，软滑鲜美、脆嫩清香。现长根菇人工栽培（图 1 - 2）面积逐年增加。

图 1 - 2　人工栽培长根菇

（二）药用价值

长根菇具有温胃养脾、清肝利胆的功效。长根菇的活性因子能使无活性胃蛋白酶原转变为胃蛋白酶，分解蛋白质；能抑制幽门螺旋杆菌的滋生，修复破损的胃黏膜，防止氢离子逆向扩散，使胃壁血液供应丰富，增加胃黏膜层血流量，使黏膜上皮增长和纤维组织再生旺盛。长根菇还能镇静安神，缓解胃肠痉挛，提高免疫力和巨噬细胞的吞噬能力，能抑制肿瘤生长和防止正常细胞突变为癌细胞。长根菇中含有长根素，这种物质具有降血压的功效。长根菇发酵菌丝体提取物对小白鼠肉瘤 S－180 和艾氏腹水癌均有很好的抑制效果，其抑制率分别为 100% 和 90%。

（三）经济价值

正常情况下，生产 1 万袋长根菇仅需 5 000 千克干木屑、1 000 千克麦麸和少量的豆粕粉等，原材料成本约 1.5 万元。一般的菌袋可出菇 2～3 茬，生物学效率可以达到 80%～100%，即每袋 0.6 千克的干木屑、麦麸、豆粉等混合培养料，可产长根菇鲜品 0.5 千克。平均每袋能生产 0.5 千克长根菇鲜品，约可制成干品 50 克（图 1－3），1 万袋产值可达 4 万元左右。如果采用地栽方法，每亩（1 亩 =1/15 公顷）土地可摆放 1 万袋，纯收入可达到 2 万元以上。

图 1－3　制干的长根菇

第二节　发展历程

　　长根菇是人们非常喜欢的野生菌类之一，最早记录出现于 20 世纪 30 年代，Singer 发现了长根菇，并为之定名。后来一些专家学者陆续在世界各地都发现了长根菇。我国的张光亚（1984）、卯晓岚（1993）、戴贤才（1988）和谭伟（2001）等学者先后对野生长根菇的分布、形态、生物学特性、食用药用价值作了介绍。

　　纪大干等人（1982）首次对野生菌种进行了驯化研究，并探索出一套人工栽培长根菇的方法。后来应国华、胡昭庚等人也做了这方面的尝试，并取得了成功。从此，人们获得长根菇的模式开始从野生采集逐步向人工栽培（图 1 - 4）过渡。

图 1 - 4　长根菇人工栽培

第三节　现状与前景

一、现状

　　野生的长根菇在热带、亚热带和温带都有分布,大多生长在土壤偏酸、腐殖质较厚的灌木林地上(图1-5),其细长的假根长在阔叶树的根或土中腐木上(图1-6),亦生于腐根周围。

　　福建、浙江、四川、湖北、贵州、河南等多个省份都有栽培,其中,福建、浙江、湖北等省份的栽培规模较大。

图1-5　生于灌木林地上的长根菇

图 1-6 生于腐木上的长根菇

二、前景

栽培长根菇设施、设备简单，生产周期短，便于操作，广大的山区、农村、城郊都可以栽培，经济效益显著，市场前景广阔。代料栽培长根菇可出菇 2～3 茬，生物学效率可以达到 80%～100%，投入产出比为 1∶（2～3），效益显著。如果采用地栽方法，占地少，产量高，经济效益十分可观。

第二章　长根菇的生物学特性

导语：长根菇在食用及药用方面都有广阔的发展前景，掌握其生物学特性对后续的人工栽培技术研究以及产业开发应用都有重要的意义。

第一节　形态特征

一、菌丝体

菌丝白色、绒毛状，具分枝，有锁状联合。扫描电子显微镜观测结果显示，长根菇菌丝生长茂密，菌丝无隔，无孢子产生。菌丝在 PDA 培养基上可以正常生长，一般 10 天左右可以满管。

二、子实体

子实体单生或群生（图 2 - 1）。菌盖直径 5 ~ 10 厘米，幼时半球形，后期平展，盖缘全缘。中部微凸起呈脐状，并有深色辐射状皱褶，黏滑，湿时具强黏性，淡褐色或茶褐色至棕黑色（图 2 - 2，图 2 - 3）。菇肉白色，薄。菌褶直生至弯生，中疏有小褶，广弧形，褶缘全缘，白色（图 2 - 4）。较宽，稍稀，不等长。菌柄中生，中实，表面有细毛鳞，近圆柱形（图 2 - 5），长 6 ~ 20 厘米，直径 0.5 ~ 2 厘米，浅褐色，近光滑，有纵条纹，常发生扭曲，表皮脆骨质，肉部纤维质且松软，基部稍膨大，有细长假根向下延伸。

图 2 - 1　群生的长根菇

图2－2　长根菇菌盖正面

图2－3　长根菇菌盖背面

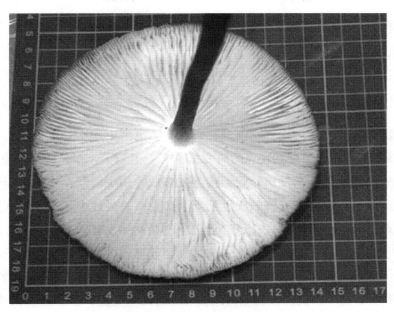

图2－4 长根菇的菌褶

图2－5 长根菇的菌柄

孢子印白色，孢子无色，光滑，卵圆形至宽圆形，有明显芽孔，（13～18）微米 ×（10～15）微米。囊体近梭形，（75～175）微米 ×10×29 微米。褶缘囊体无色，近梭形，顶端稍钝，（87～100）微米 ×（10～25）微米。

三、生态习性

长根菇夏秋季生于土壤偏酸、腐殖质较厚的林地上，其假根常生于地下腐木上，亦生于腐根周围。

第二节　生活史

由于长根菇开发应用较晚，对其研究较少，长根菇的生活史还不是十分清楚。湖南师范大学李浩经过一系列的研究，于 2012 年在其发表的研究生论文上推测了长根菇的生活史为：四孢长根菇的单个担孢子在合适的环境条件下萌发出芽管，接着发育成为初生菌丝。当不同极性的初生菌丝相遇而发生交配，完成质配过程，形成双核的次生菌丝。次生菌丝经过生长发育达到生理成熟后，在外界因素的刺激下，双核营养菌丝开始形成原基，已分化的菌丝体发育为不同的器官，产生四孢子实体。在四孢子实体的担子内又发生一系列的核配、减数分裂和有丝分裂后产生担孢子，最终完成四孢长根菇的整个生活史。与四孢长根菇生活史不同的是，当初生菌丝没有遇到不同极性的初生菌丝体时，长根菇将进入另一种生活循环模式。该初生菌丝没有经历菌丝交配，无质配过程，也无锁状联合现象，一直保持其单核菌丝的状态；该单核菌丝发育成熟后，在外界环境因素刺激作用下，单核的营养菌丝形成原基，分化为不同的器官，在担子细胞中只经过核的分裂后产生两个担孢子，最终完成了长根菇的另一种生活循环模式，即双孢长根菇的生活史。

可见长根菇生活史有较为明显的两种不同的循环生活模式，即四孢长根菇循环生活模式（图2－6）和双孢长根菇循环生活模式（图2－7）。这两种生活模式又不是完全独立的，二者均需经过担孢子萌发成为单核菌丝的阶段。也就是说，担孢子萌发前，长根菇孢子之间没有任何区别。只是在菌丝体质配阶段，当不同极性的初生菌丝体相遇，质配菌丝进入四孢循环生活模式；而在没有遇到不同极性的初生菌丝体时，单核菌丝则进入双孢循环生活模式。长根菇的这两种生活模式是相互辅助，而不是相互竞争的，两种生活模式同时存在是为了更好地适应环境。暂时尚无证据能够证明哪种生活模式对长根菇的进化发育更为有利。

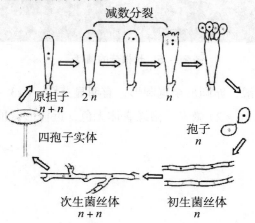

图2－6　四孢长根菇循环生活模式

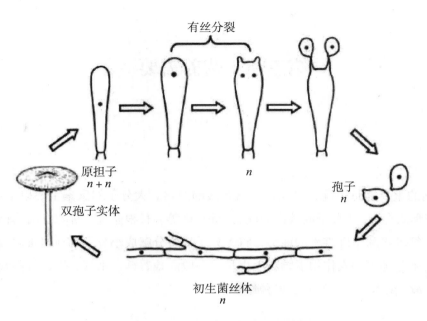

图2-7　双孢长根菇循环生活模式

第三节 营养需要

一、碳素

碳素是长根菇的重要能量来源，也是合成氨基酸的原料。大分子的碳素主要以木质素、纤维素、半纤维素和淀粉等形式存在，小分子的碳素为蔗糖、葡萄糖等。长根菇是一种木腐菌，能够分泌胞外酶，具有分解木质素、纤维素和半纤维素的能力，将大分子物质分解成小分子物质再被吸收利用。可以在木屑、棉籽壳、玉米芯等多种农作物下脚料上生长。一般能栽香菇、木耳、平菇等的栽培原料均可栽培长根菇，如甘蔗渣、杂木屑、玉米芯、各种作物秸秆。

二、氮素

氮素是长根菇生长必需的营养成分，主要的氮源有氨基酸、蛋白质等。与碳素营养的利用方式相同，菌丝体必须分泌胞外酶将大分子的氮素营养分解成小分子物质再加以利用。在生产中一般以玉米粉、米糠、麦麸等物质作为氮源。

三、矿物质元素

长根菇生长发育还需要少量的矿物质元素，如磷、硫、钾、钙、镁、铁、钴、锰、锌、钼等。一般来说，木屑、米糠、麦麸、秸秆等培养料和水中的含量已基本能满足其生长发育的需要，生产中很少添加。在实际生产中应根据培养料的养分组成，适当添加石膏、石灰、磷酸二氢钾、硫酸镁等来满足长根菇对矿物质元素的需求。

四、生长素

生长素主要包括维生素和生长激素等。这些营养物质作为长根菇物质代谢中辅酶的组分是其生长所必需的，但长根菇对这类物质的需求量极少。生产中配制培养料时一般不再另行添加。

第四节 环境条件

一、温度

长根菇野生菇多发生在夏末至秋末，属于中温型食用菌。菌丝生长温度为 12 ~ 35 ℃，最适生长温度为 26 ℃。子实体生长发育温度为 15 ~ 28 ℃，最适生长温度 25 ℃左右，出菇无须温差刺激。其菌丝体生长和子实体发育的适温在同一范围，这是与多数食用菌不同的。

二、水分

长根菇培养基适宜含水量 65% 左右，低于 60% 或高于 70%，菌丝体生长发育则受抑制。出菇时空气相对湿度要求在 85% ~ 90%。长根菇在培养期要求空气相对湿度在 70% 左右，生长期要求在 85% ~ 95%。

三、空气

长根菇属好气性真菌，无论发菌还是出菇阶段，均要求空气新鲜的环境，出菇室内的通风量一般要在每小时 50 ~ 300 米^3，长根菇生长发育要求空气新鲜，二氧化碳浓度在 0.3% 以下，符合《环境空气质量标准》(GB 3095—2012)。

四、光照

长根菇菌丝体生长阶段不需要光照。和大多数食用菌相似,暗光条件下,菌丝体生长更加整齐、粗壮。强光下培养菌袋，则会过早形成子实体原基。子实体阶段，需要一定强度的光照刺激，光照会影响其形态、色泽的形成。它对光照表现不太敏感，光照强度在 30 ~ 500 勒范围内均可正常生长，但以 100 ~ 300 勒较为适宜。

五、酸碱度

长根菇喜欢微酸性至中性，适宜在 pH 5.0～6.5 的中性或弱酸环境中生长，最佳生长 pH 为 5.0。在人工栽培时，调整培养料的 pH 在 7.5 左右较好，经过灭菌过程和菌丝体生长产酸，出菇阶段才能为子实体的生长发育提供一个 pH 5.0～6.5 的弱酸性环境。在南方栽培长根菇，配料及覆土中可适量添加石灰调整 pH。

六、覆土

长根菇是一种土生木腐型真菌，子实体形成不需要覆土，但菇形不规整，并有出菇推迟现象，覆土后子实体发生更多，生长更健壮。土层有保湿降温作用，出菇效果好。覆土愈深，其形成的假根状菌索愈长。

第三章　长根菇生产中常用品种

导语：长根菇在我国开发应用较晚，栽培面积较小，所以，目前还没有经国家认（审）定的品种。

一、长秀1号

长根菇品种较少，在生产上应用较为广泛的是长秀1号（图3-1）。长秀1号菌丝生长温度为12~35℃，适宜温度为22~26℃，温度低于12℃菌丝生长缓慢，高于30℃菌丝易老化、结皮。子实体发育温度为15~30℃，出菇期适宜温度为25℃左右。荫棚覆土栽培时，可以在夏季气温38℃下出菇。

图3-1　长秀1号

二、明长17号

明长17号为野生驯化菌株，暗褐色，相比其他菌株，颜色深，同等条件下开伞慢，口感更为脆嫩而黏性低，2017年驯化成功后被多地引种进行工厂化栽培或常规栽培，表现良好。

菌丝白色，绒毛状，浓密，老熟后分泌色素，产生暗褐色菌皮。子实体一般群生，出菇后期偶有单生，暗褐色。菌盖中央明显突起且多褶皱，幼时近圆锥形，下沿靠近菌柄，渐至半球形、伞形，成熟时平展，菌盖直径 4~20 厘米，菌柄直径 0.8~2.5 厘米，长 5~20 厘米。常用阔叶树木屑、甘蔗渣、菌草、棉籽壳、麦麸、米糠、玉米粉、饼肥等做栽培原料。菌丝生长温度为 10~35 ℃，适宜生长温度为 20~28 ℃，最适温度为 25 ℃；子实体生长温度为 15~32 ℃，适宜温度为 21~27 ℃。培养基适宜含水量为 60%~65%，子实体生长适宜空气相对湿度为 85%~95%。二氧化碳（CO_2）浓度菌丝培养阶段宜控制在 0.3% 以下，原基形成阶段宜在 0.1%~0.6%。生长适宜 pH 5.5~7.3，最适 pH 6.0~6.8。菌丝生长不需要光照，后熟期及子实体生长期适宜光照强度为 200~300 勒。

第四章　长根菇的菌种生产与菌种质量控制

导语：菌种生产是影响长根菇栽培获得效益的关键环节，只有选用优良的品种，采取正确的制种方法，才能生产出种性好、纯度高以及菌龄适中的优质菌种，才能取得较高的经济效益。因此，菌种生产是一项认真细致、要求严格的工作，只有在具有一定实践经验和配套设备的前提下，才能考虑生产菌种。

第一节 长根菇的菌种分级

长根菇菌种是指通过人工培育的纯菌丝体及其培养基的混合体。根据菌种的来源、繁殖的代数及生产的目的，通常将菌种分为母种（一级种）、原种（二级种）、栽培种（三级种）。母种扩接制备原种、原种扩接制备栽培种的主要目的是为了实现逐级扩大菌种的数量，以满足生产上对菌种的需求，同时增加菌种对培养料的适应性。

一、母种

通常把试管培养的菌种称为母种或一级种，见图4-1，是由长根菇的子实体经组织分离或孢子分离，在含有琼脂培养基的试管里培育生长的具有结实能力的纯菌丝体。直接分离而成的母种称为原始母种，原始母种转扩一次而成的母种称为一级母种，一级母种再转扩一次而成的母种称为二级母种，依次类推。生产中常用三级或四级母种生产原种。实践证明，连续多次转扩母种，会使菌种生活力降低，使菌种发生退化甚至变异。在实际生产中，母种的来源可以自己选育，也可从专业的科研单位引进，不管母种来自何处，都必须经过严格的栽培筛选试验，掌握菌株的基本生物特性后，才可大面积推广应用。

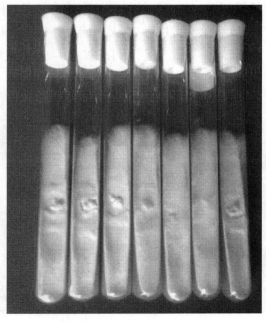

图4-1 母种

二、原种

将母种移接到棉籽壳、麦粒、玉米粒等固体培养基或液体培养基上所培育的具有结实能力的菌丝体称为原种或二级菌种，见图4-2。通常用750毫升专用菌种瓶或500毫升小口径高压玻璃瓶作为培养容器，不适宜用大口罐头瓶或塑料袋培养。原种主要用于菌种的扩大生产，只能作短期的保藏，要保持较高的纯度。1支母种可转扩4~6瓶原种。原种可以用来扩接栽培种，也可直接用于栽培。

图4-2 原种

三、栽培种

将原种接在棉籽壳或麦粒培养基上，所培育的具有结实能力的菌丝体称为栽培种或三级菌种，见图4-3。栽培种直接用于生产，最好在长满袋后20天内使用，常用750毫升专用菌种瓶和高压聚丙烯或常压聚乙烯塑料袋作为培养容器。一般1瓶原种可转扩40~50瓶栽培种。

图4-3 栽培种

第二节　菌种生产场所及常用设备

一、生产场所要求

菌种生产对环境条件的要求非常严格，包括培养基质的彻底灭菌、接种环境及菌丝培养环境的严格消毒，整个制种过程都必须遵循无菌操作规程，每一个环节上出现疏忽，都有可能使菌种生产失败。配置互相隔离的晒料场、原料库、配料分装室（场）、灭菌室、接种室、培养室、储存室、实验室（用来做菌种检验）等，视情况增减，但必须保证厂房建造从结构和功能上能满足食用菌菌种生产的要求。

所以，菌种厂的厂址选择必须具备的条件有：地形开阔、地势高燥、交通方便、水电供应充足。坐北朝南、四周空旷、环境清洁、空气流畅。周围 500 米内不得有养殖场、垃圾场、污水处理厂及其他有污染源的工厂（如水泥厂、石灰厂、砖瓦厂等）。菌种厂平面布局示例见图 4 - 4。

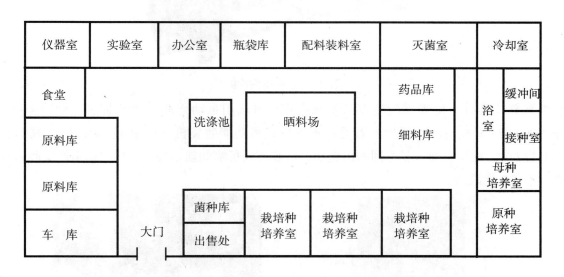

图 4 - 4　菌种厂平面布局示例

二、主要配套设施与设备

菌种厂除要有合理布局外，还要有一定的配套生产设备。生产设备的选型配套，不但决定菌种厂的生产规模大小，而且跟菌种质量也密切相关。

（一）实验室

用于检验、鉴别菌种质量及母种培养基的制作、分离、培养。室内可设仪器柜、药剂柜、超净工作台、显微镜、电冰箱、恒温箱及相关试剂、常用工具和玻璃器皿等。生产母种常用工具有：电磁炉、不锈钢锅、手提高压锅、电子天平等。试剂有：琼脂、葡萄糖、蛋白胨、酵母膏、磷酸二氢钾、硫酸镁、氢氧化钠、精密 pH 试纸等。

（二）培养基配制设备

1. 原料搅拌机　主要用于原种、栽培种和栽培料的搅拌，以减轻人工拌料的劳动强度，提高原料均匀度，是生产必不可少的机械之一，见图 4-5。目前该机型号较多，用户可根据生产情况自行选择，有条件的也可根据实际需要自制。

图 4-5　原料搅拌机

2. 装袋机　具有一定规模的生产基地或农户，可选用自动化冲压式装袋机，见图 4-6A，生产效率 1 000 袋/时左右。一般生产者可购置螺旋式多功能装袋机，见图 4-6B，生产效率也可达500～800 袋/时。配用多套口径不同的出料桶，可装不同折幅的栽培袋。用户根据生产实际需要，自行选择，各有其优缺点。

A. 自动化冲压式装袋机

B. 螺旋式多功能装袋机

图 4-6　装袋机

（三）灭菌设备

1.**手提式高压灭菌锅**　该锅由铝合金铸造的盛装消毒物品的消毒桶和盖构成,使用压力一般为0.15兆帕。具有灭菌时间短、灭菌彻底且节省燃料等优点,主要用于母种培养基及接种工具等灭菌,也可用于较少量的原种和栽培种的灭菌,见图4-7。

图4-7　手提式高压灭菌锅

2.**卧式高压灭菌锅**　有电热式和煤柴直接加热式两种,生产上常采用电热式卧式高压灭菌锅,见图4-8。该锅由厚钢板焊制而成,一般由锅内加水直接产生蒸汽,锅外有温度表、压力表、安全阀、排气阀等。用于原种和栽培种灭菌时,一般选用可容纳200~260瓶的小型灭菌锅。用于栽培原料灭菌时,应选用容积为1 000~1 500瓶的中型或大型灭菌锅。

图4-8　电热式卧式高压灭菌锅

3. **常压灭菌锅** 又叫常压灭菌灶,见图4-9。常用于栽培原料的灭菌,一般多为方形,由砖和水泥砌成,容积根据需要可大可小。灶仓内地面排一层竹笆,后墙底部中间留一通气孔,以利通入热蒸汽。灶仓内墙壁用水泥精细粉刷,灶顶圆拱形以使冷凝水沿仓壁流下,防止打湿灭菌物品,并留一直径约10厘米的天窗,以排放冷气;灶体前壁安置温度测试装置,灶仓内要有层架结构,料袋可分层装入。

图4-9 常压灭菌锅

4. **蒸汽输入式常压灭菌池(包)** 蒸汽输入式常压灭菌池(包)由蒸汽发生器和灭菌包两部分组成,见图4-10。蒸汽发生器由锅炉或用汽油桶等土法制成,留有加水孔和蒸汽输出管,加水孔用于补充消耗的水分,蒸汽管将产生的蒸汽输入灭菌池(包)。灭菌池(包)一般用砖或水泥制成,下边留有蒸汽输入孔及排水孔,上边用塑料薄膜外加麻布片或毡布片等保温材料覆盖,并用木条压实。

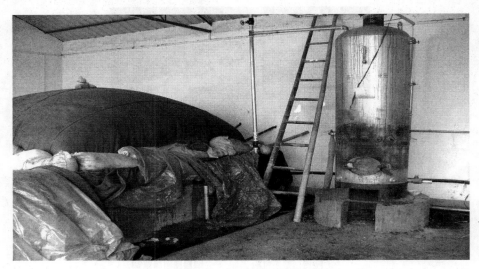

图4-10 蒸汽输入式常压灭菌池(包)

5. **紫外线杀菌设备**　紫外线是一种短波光，有杀菌作用。在食用菌生产中常用紫外线灭菌，因其穿透能力较弱，不能穿透玻璃，一般常用于室内和物体表面灭菌，灭菌时间一般为20～30分，灭菌空间为距灯管1.5米左右的距离。生产上常用规格为30瓦（1米长）、20瓦（0.6米长）、15瓦（0.4米长）等，一般10米^{3}安装一支30瓦的灯管即可。

（四）培养设备

1. **菌种培养室**　菌种主要在培养室内进行，培养室也就是我们说的发菌场所，一般分为室内发菌和菇房发菌。室内发菌一般适用于专业菌种生产企业或专业户，管理方便，成功率高，但需要一定投资。菇房发菌一般适用于散户栽培者，这样可利用出菇房进行发菌，可减少一定的投资，但温湿度不易控制，容易被杂菌感染，成功率相对偏低。下面分别做介绍：

1）室内发菌　应选择干燥、透气，并能用窗帘遮光的房间，最好能降温或加温，具有保温设施，室内地面、墙面要光滑、平整。可用三角铁、竹竿等制成菌种培养架，以便充分利用发菌室空间。室内还要密封性能良好，便于消毒灭菌，见图4－11。

原种培养室　　　　　　　　　　　　　栽培种培养室

图4－11　菌种培养室

2）菇房发菌　可在塑料大棚或日光温室内发菌，同时又是长根菇子实体生长发育的地方，发菌时应严格控制环境条件，切忌潮湿，创造长根菇发菌的适宜条件，使菌丝健壮成长。

2. **生化培养箱**　在制作母种和少量原种时，可采用生化培养箱（图4－12），根据需要使温度保持在一定范围内进行培养。市售的恒温箱多为专业厂家生产的电热恒温培养箱，使用比较方便，但价格较贵，而且购买和运输多有不便。因此可以用木板自己制造。自制恒温箱用一只大木箱做成，箱的四壁及顶、底均装双层木板，中间填充木屑隔水保温，底层装上石棉板或其他绝缘防燃材料，箱内装上红外线灯泡或普通灯泡加温，箱内壁安装自动恒温器，箱顶板中央钻孔安装套有橡皮塞的温度计以测试箱内温度。

图 4 - 12　生化培养箱

（五）接种设备

接种设备，是指分离和扩大转接各级菌种的专用设备，主要有接种室、接种箱以及各种接种工具。

1. 接种室　接种室又称无菌室，见图 4 - 13，是进行菌种分离和接种的专用场所。该场所是一间

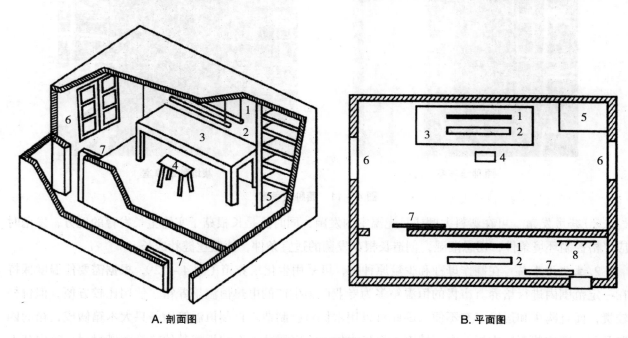

A. 剖面图　　　　　　　　　　　　　　　　B. 平面图

图 4 - 13　接种室

1. 紫外线杀菌灯　2. 日光灯　3. 工作台　4. 凳子　5. 瓶架　6. 窗　7. 推拉门　8. 衣帽区

可以严密封闭的小房间，面积一般为 6～10 米²，高 3 米。此室的设置不宜与灭菌室和培养室距离过远，以免在搬运过程中造成杂菌污染。生产量较大的菌种厂，应充分注意各个工作间的位置安排。一般设在向阳、干燥处，室内地面、墙壁平整光滑，封闭严密，分里外间。外间作缓冲室，里面用作接种操作室，安装推拉门，减少空气流通。缓冲室应备有专用的工作服、拖鞋、口罩、毛巾等，室内有超净工作台及各种接种工具与灭菌物品。接种操作室与缓冲室内要安装紫外线杀菌灯和日光灯，并挂黑色遮光窗帘。

2.**接种箱** 接种箱又叫无菌箱，见图 4 – 14，是一个特别密闭的无菌操作设备，主要用于组织分离和母种、原种接种。一般用木材及玻璃制成。如双人接种箱，长 143 厘米、宽 86 厘米、高 159 厘米，底脚高 76 厘米，箱的上部前后各装有 3 块玻璃，其中两侧的两扇可以自由开闭，中间的一扇固定，便于装箱和接种时观察。窗下部分设 2 个直径约 13 厘米、中心距离约为 40 厘米的圆洞；洞装有带松紧的袖套，箱内顶部安装紫外线杀菌灯和日光灯各一支。

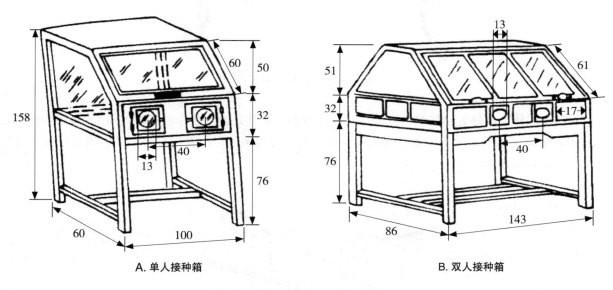

A. 单人接种箱　　　　　　　　　　　B. 双人接种箱

图 4 – 14　接种箱（单位：厘米）

接种箱消毒一般用气雾消毒盒密闭熏蒸 30 分，如使用前再用紫外线灯照射半小时，消毒则更为彻底。

3.**超净工作台** 超净工作台是一种局部层流（平行流）装置，能够在局部造成洁净的工作环境，见图 4 – 15。室内的风经过滤器送入风机，由风机加压送入正压箱，再经高效过滤器除尘，洁净后通过均压层，以层流状态均匀垂直向下进入操作区（或以水平层流状态通过操作区），以保证操作区有洁净的空气环境。由于洁净的气流是匀速平行地向着一个方向。空气伴有涡流，故任何一点灰尘或附着在灰尘上的杂菌，很难向别处扩散转移，而只能就地排除掉。因此，洁净气流不仅可以造成无尘环境，而且也是无菌环境。

图 4 - 15　超净工作台

使用超净工作台的好处是接种分离可靠，操作方便，尤其是炎热夏季，接种人员工作时感到舒适。

4. 常用接种工具及制作　长根菇常用的接种工具比较简单，可以自行制作。一般用不锈钢丝等材料制作，比较经济实用，见图 4 - 16。

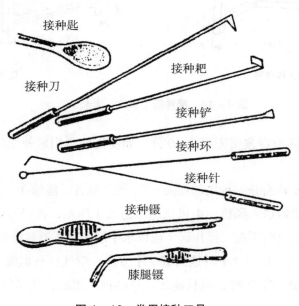

接种匙

接种刀

接种耙

接种铲

接种环

接种针

接种镊

膝腿镊

图 4 - 16　常用接种工具

1）接种刀　用自行车条或如自行车条粗细的不锈钢丝制作，将钢丝一端烧红，弯成 90° 角，再锤扁，用砂轮打磨成镰刀状，刀口要求既细又薄又锋利，两边都有刀刃。用于斜面母种切割。

2）接种铲　用自行车条或如自行车条粗细的不锈钢丝制作，将钢丝一端烧红、锤扁，在砂轮上打磨成铲状，用于接种时挑取子实体组织。

3）接种耙　用自行车条或如自行车条粗细的不锈钢丝制作，将钢丝一端烧红、锤扁，再弯成耙状即可，主要用于钩取菌种块。

一般常用的工具还有小刀、剪刀、镊子、酒精灯等。

（六）简易实验室

为了便于对菌种、培养料及其代谢产物进行检查、观察、化验和分析，有必要设置一个简易的实验室。实验室常用的仪器和设备有天平、干湿温度计、玻璃器皿和器具、孢子采集器、光学显微镜、电冰箱、冷藏箱、电热干燥箱、摇瓶机（摇床）等，可根据具体条件设置。

1. 天平

1）架式天平　称量为 1 000 克，感量为 1.0 克（即精确度为 ±1.0 克）。

2）扭力天平　称量为 100 克，感量为 0.01 克。

3）分析天平　称量为 100 克，感量为 0.1～1.0 毫克。

2. 干湿温度计　常用的是市售干湿球温度计，可同时观察环境的温度与湿度。将干球温度计的读数减去湿球温度计的读数得差数。旋转制动螺丝，对准其差数，差数与干球温度垂直交叉处的读数即为空气相对湿度，如干球温度计的读数为 22℃，湿球温度计的读数为 19.5℃，干湿温度差 2.5。在纵行 22℃ 与横行 2.5 垂直交叉处的读数为 73，即说明空气相对湿度为 73%。

3. 玻璃器皿和器具　常用的玻璃器皿有烧杯、烧瓶、培养皿、漏斗、量筒、酒精灯、称量瓶、试管、接管研钵等；器具有剪刀、镊子、试管架等。

4. 孢子采集器　是采取菌类孢子的一种专用装置，它是由有孔钟罩、搪瓷盘、培养皿、不锈钢丝支架和纱布等组成。

5. 光学显微镜　采用一般双目或单目光学显微镜，观察菌丝的生长状况，分辨杂菌及病虫害的种类等。显微镜是贵重的光学仪器，使用时应严格操作程序，平时应避免和酸碱、氯仿、乙醚、乙醇等放在一处，以免受腐蚀。

6. 电冰箱和冷藏箱　电冰箱和冷藏箱是冷冻器具中的两种小型冷藏设备，在食用菌制种中主要用于保藏菌种和其他物品。

7. 电热干燥箱　用于烘干测定产品及配料等的含水量，以及各种玻璃器皿的干热消毒。

8. 摇瓶机（摇床）　食用菌进行深层培养或制备液体菌种时，需设置摇瓶机。摇瓶机有往复式或旋转式两种。往复式摇瓶机的摇荡频率是 80～120 次／分，振幅（往复距）为 8～12 厘米。旋转式摇瓶机的摇荡频率为 180～220 次／分。旋转式的耐用，效果较好。

（七）常用消毒与杀菌药品

1. **福尔马林**　福尔马林是一种无色气体，极易挥发，有特殊的刺激性气味，对人的眼鼻等有强烈的刺激作用。生产上 30%～40% 甲醛水溶液统称为福尔马林，呈白色或无色，其杀菌力很强，常用于接种箱（室）和培养室的熏蒸消毒，1 米 ^{3} 空间用量为 8～10 毫升。使用时将福尔马林倒入一容器内，加热使福尔马林挥发；也可用一份高锰酸钾晶体 + 两份福尔马林溶液混合，利用二者发生化学反应产生的热量使福尔马林挥发气体。利用福尔马林气体杀死细菌、真菌等有害微生物。

2. **高锰酸钾**　高锰酸钾是一种强氧化剂，呈暗红色的棱状晶体，可溶于水。0.1% 的水溶液可用于物品表面消毒，2%～5% 的水溶液可使细菌的芽孢在 24 小时内死亡。它的作用机制是通过强烈的氧化作用，破坏原生质结构或氧化微生物酶蛋白中的巯基，从而使酶失去活性，使微生物致死。生产上常和福尔马林配合使用，利用和福尔马林反应产生的热量使福尔马林挥发，从而使福尔马林气体杀死有害微生物。

3. **乙醇**　乙醇是一种无色液体，极易挥发，易燃。可与水任意混溶。生产上常用 70% 乙醇用于操作前手指、试管外壁、接种工具表面的消毒以及其他物品的浸泡等。其作用机制是可使微生物菌体蛋白变性或沉淀，致使菌体死亡。

4. **石灰**　石灰分为生石灰和熟石灰两种。生石灰常用于菌种培养室地面和棚架、出菇房（棚）内防潮及消毒，在培养料中加入 1%～2% 生石灰，既能抑制杂菌的生长，又能为培养料提供一定的钙离子，还能调节培养料的酸碱度。3%～5% 石灰水溶液能抑制大多数霉菌的生长和繁殖。

5. **气雾消毒剂**　由专业工厂生产，是一种食用菌专用的烟雾杀菌剂，常用于接种箱和接种室的消毒杀菌，使用方便，效果很好。使用时 1 米 ^{3} 放置 4～6 克，用火点燃，密闭 30 分以上即可达到消毒目的。灭菌率达到 99% 以上。

6. **金星消毒液**　由专业工厂生产，是一类广谱、高效、快速、无毒副作用的新型消毒剂，它对病毒、细菌、木霉、青霉、毛霉、根霉等有强效的杀伤力，且对人体无刺激、无异味、无副作用。用于食用菌生产，消毒效果高于福尔马林、多菌灵、苯扎溴铵等化学药剂。

金星消毒液常用于接种室（箱）、培养间、菇房的消毒。其用法是：用 40～50 倍水溶液喷洒物体表面；用 40～50 倍水溶液浸泡接种工具；用 400～500 倍水溶液拌培养料；用 40～50 倍水溶液浸纸覆盖或注射进行生产中的杂菌污染；也可用 30～50 倍水溶液处理菌袋表面，预防杂菌污染。

7. **克霉灵**　是一种新型复合杀菌剂。生产上常用其 200～300 倍液，注射平菇、木耳、鸡腿菇等食用菌菌袋杂菌污染处，若菇床发生杂菌，可用湿纱布浸泡在 0.2% 克霉灵溶液里，涂抹患处或覆盖患处。克霉灵对绿霉预防、治疗效果达 100%。现已广泛应用于平菇、香菇、草菇、木耳、双孢蘑菇等食用菌生产中杂菌（包括链孢霉、木霉、绿霉、毛霉、酵母菌等）的预防和治疗。使用浓度为 0.08%～1%，使用时要充分溶解，要连续用 3～4 次，每次间隔 2～3 天。

生产上常用消毒剂的种类及用途，见表 4-1。

表4-1　常用消毒剂的种类及用途

类型	名称及使用浓度	作用机制	适用范围
重金属盐类	氯化汞（$HgCl_2$，升汞）0.05%～0.1%	与蛋白质，巯基结合使之失活	分离材料表面，非金属物品、器皿等消毒
酚类	苯酚 3%～5% 煤酚皂（来苏儿）2%	蛋白质变性，损伤细胞膜	地面、桌面、床架及接种工具；皮肤消毒等
醇类	乙醇 70%～75%	蛋白质变性，损伤细胞膜、脱水，溶解类脂	皮肤、器械等消毒
醛类	甲醛 0.5%～10%	破坏蛋白质巯基或氨基	物品消毒，接种室、接种箱熏蒸
氧化剂	高锰酸钾 0.1% 过氧化氢（双氧水）3% 过氧乙酸 0.2%～0.5%	氧化蛋白质硫基团	皮肤、塑料、玻璃污染物表面等消毒
卤素化合物	漂白粉 0.5%～1%	破坏细胞膜、酶、蛋白质	空气喷雾
硫化物	硫黄粉 + 木屑燃烧	产生二氧化硫（SO_2），与水结合成亚硝酸（H_2SO_3），脱氧	厂区、室内熏蒸
碱类	石灰水 1%～3%	强碱作用	厂区、室内熏蒸
表面活性剂	苯扎溴铵 0.05%～0.1%	蛋白质变性	皮肤、器械等消毒

第三节 母种的分离与培养

一、母种培养基的配制

培养基是用人工方法提供长根菇生长所需营养的基质。母种培养基通常用试管作培养容器，又称试管斜面培养基。常用于母种的分离、提纯、培养、转管、保藏等。

（一）常用培养基配方

1.马铃薯葡萄糖琼脂培养基（PDA） 马铃薯（去皮）200克，葡萄糖20克，琼脂20克，水1 000毫升。

2.PDA综合培养基 马铃薯200克，葡萄糖20克，磷酸二氢钾3克，硫酸镁2克，琼脂20克，水1 000毫升。

3.加富PDA培养基 马铃薯200克，麦麸100克，葡萄糖（或蔗糖）20克，琼脂20克，水1 000毫升。

4.加富PDA综合培养基 马铃薯（去皮）200克，麦麸100克，葡萄糖20克，琼脂20克，硫酸镁0.5克，磷酸二氢钾2克，蛋白胨5克，水1 000毫升。

（二）母种培养基的制作

1.浸煮容器 一般选用玻璃容器、不锈钢锅或铝锅、搪瓷锅等，生产中不能用铁锅、铜锅，以免铁锈、铜锈混进培养基。

2.配制方法 先按照培养基配方准确称量培养基的各种成分，再进行配制。以配制马铃薯葡萄糖琼脂培养基为例，介绍其培养基配制方法如下：

选整齐且没有芽变（芽变绿）的马铃薯，洗净去皮并挖掉芽眼，切成薄片，称取200克放入容器内，加入1 000毫升水，加热煮开15～30分，至酥而不烂的程度，用四层纱布过滤，取其滤液，加开水补足1 000毫升。然后在煮汁中加入称量好的琼脂，用小火加热，并不断用玻璃棒搅拌，至琼脂全部熔化，再用纱布过滤一次，倒入量杯，用开水补足1 000毫升。再加入葡萄糖（或蔗糖），用小火再煮几分并用玻璃棒不断搅拌，待葡萄糖（或蔗糖）全部溶化，停火倒入量杯并用开水补足1 000毫升。在配制过程中，先加入主要元素，再加入微量元素，最后加入维生素或生长素等。如需让培养基清亮透明，可用纱布将煮好的培养基趁热过滤一次，倒入容器，待用。

3.分装 培养基配好后，应趁热将其分装到试管内，以免琼脂冷凝。分装时应避免培养基黏附在试管口，若琼脂黏住棉塞，既影响接种又容易滋生杂菌。分装时可用漏斗分装，装入试管中的量，最好不要超过试管长度的 1/3。

4. **塞棉塞** 培养基分入试管后，应立即塞好棉塞或橡胶塞。应用普通棉花（不能用脱脂棉，因其易吸水变潮，滋生杂菌）作棉塞。棉塞塞入试管的长度应为棉塞长度的 2/3，松紧度适中，既能保持通气，又能防止杂菌污染，即用手握住棉塞，试管不能掉下，稍微用力才能把棉塞拔下为好。或用和分装试管适配的橡胶塞塞好。

塞好棉塞或橡胶塞后，每 5 支或 7 支包扎一捆，棉塞部分用牛皮纸或旧报纸用绳捆好。包纸的作用是防止灭菌时冷凝水淋湿棉塞，并防止接种前培养基水分散失或受杂菌污染。

5. **灭菌及摆斜面** 试管包扎好后，放入手提式高压锅的消毒桶内，盖盖灭菌。待压力升至 0.05 兆帕时，打开排气阀，放净锅内冷空气，再加压至 0.15～0.17 兆帕，维持 30 分，停止加热。待锅内压力下降为 0 后，先将锅盖打开一小缝，使热气逸出，停 3～5 分后，再打开锅盖。利用锅内的余热将棉塞烘干，防止棉塞受潮。待温度降至 60℃ 左右，再摆成斜面，以防止冷凝水在试管内积聚过多。

摆放斜面时，试管塞棉塞的一头下面垫厚 1 厘米的木板或钢板等，斜面长度为试管总长度的 1/2 左右，最多不能超过 2/3。摆放时注意试管的斜面要均匀一致，防止长短不一。试管冷却一天后收起，以备母种的转扩之用。收集时要使斜面向上并平放，防止试管内培养基滑动、旋转或断裂。

6. **无菌培养** 灭菌后的培养基，应随机抽取几支放在 25℃ 左右的恒温箱内培养 2～3 天，若无杂菌生长，便可作菌种使用。

7. **特别提示** 母种培养基制作过程中，严格按照无菌操作规程进行。选好培养基配方，按其比例严格称量原料，不可多也不可少，否则菌丝生长会受到严重影响。制作好的母种培养基，可用于母种的分离培养、提纯复壮及转管、保藏等。

二、纯种分离

菌种的分离方法有组织分离法、孢子分离法及基内菌丝分离法等，在实际生产过程中通常采用组织分离的方法。组织分离法是从种菇上切去一小块组织移接于试管斜面培养基，经培养获得菌种的方法。该方法具有操作简单、菌丝萌发快、有利于保持原来品系的遗传特性，成功率高等特点。

（一）种菇选择

应选择能代表该品种优良性状的个体作种菇，分离时应选择菌盖圆整、菌肉肥厚、菌柄适中的作种菇，七八分成熟最好。

（二）种菇消毒

种菇选好后，去除表面杂质及菌柄，用 75% 乙醇棉球擦拭种菇表面，然后把斜面试管随同接种工具（如接种刀、接种铲、接种钩、镊子等）一同放入接种箱内，用气雾消毒剂每立方米 5 克点燃密闭熏蒸 30 分。

（三）分离

用消毒过的接种刀，把种菇纵剖为二，在菇盖与菇柄连接处的部位，切取绿豆粒大小（约 0.2 厘米 ×0.2 厘米）的菌肉，移接到斜面培养基的中央。然后把接好的试管放入恒温 25℃ 的无菌环境中培养，2～3 天后，组织块就能长出白色菌丝，经检查、淘汰，选出菌丝生长旺盛且无杂菌的试管，作为母种，用于生产或保藏。

三、母种的转管与培养

母种的转管与培养即将 1 支长满菌丝的试管在无菌操作下，分别转接到多支试管中培养。一般每支母种可扩接 30～50 支，生产上供应的多为子代母种。它可以再次转管扩接。一般每支又可扩接成 20～25 支子代母种。母种的转管与培养需注意两个关键问题：一是转管接种箱要严格消毒；二是转管次数不宜过多，因转管代数过多易使菌种生活力降低，转管次数在 4 次以内为宜。

（一）接种箱消毒

首先用金星消毒液或其他消毒药品，把接种箱内擦拭干净，然后放入分离所得的母种和试管培养基、接种工具、酒精灯、打火机等，用烟雾消毒盒，每立方米 5～6 克，点燃密闭熏蒸 30 分。

（二）转管

操作者在转管前，应穿好工作服，剪好指甲，洗净手。将手通过袖筒伸入接种箱内，再用乙醇棉球把手及裸露的手腕擦拭一遍。点燃酒精灯，左手持 1 支分离母种试管和 1 支斜面培养基，右手拿接种钩，首先将接种钩在酒精灯外焰上灼烧灭菌，然后用右手小指和无名指把斜面母种上的棉塞在火焰上拔掉，将接种钩伸进斜面菌种试管，稍冷却后，将母种斜面上的老菌块及干燥部分挖掉，弃之不用，然后取一小块麦粒大小（1 厘米 ×0.3 厘米）的菌种块（一定要带培养基）移接到斜面培养基的中央，迅速将棉塞通过火焰烤一下塞上。在试管上贴上标签。以此类推。直至把接种箱内斜面培养基接完为止，一般由一个人独立完成。此操作中既要注意试管口和接种钩始终不要离开火焰无菌区，还要注意避免火焰烧死菌种。

（三）培养

菌种接好后，直接转入培养箱或培菌室内培养，温度调节在 24～28℃，并注意培养室内的通风换气，遮掩窗户，避免光线过强，经常检查，及时拣出杂菌污染的试管，确保菌种纯度。菌种菌丝长满试管后，或及时使用，或放置在 4℃ 以下的冰箱内低温保藏。

第四节　原种及栽培种生产

长根菇的原种及栽培种的培养基配制原料及方法基本相同，所不同的是种源不同，原种所用的是试管母种，而栽培种用的是原种。

一、配制原种和栽培种培养基

（一）麦粒菌种配方

配方：小麦粒97%，红糖1%，石灰1%，石膏1%。

先将小麦拣净杂物，放在2%～3%石灰水中浸泡12小时左右，捞出放在锅内蒸煮20分左右，煮至麦粒熟而不烂、无破粒、无白心、用手掰稍微有弹性时为宜。将麦粒捞出，控去多余水分，摊放在干净的水泥地上，晾去麦粒表面的水分，将红糖、石膏、石灰掺匀拌入麦粒，装瓶。

（二）棉籽壳配方

配方：棉籽壳75%，麦麸20%，玉米粉3%，红糖1%，石膏1%，料水比1：（1.2～1.3），pH 6.5。

将棉籽壳先用pH 9～10石灰水浇透，堆放发酵5～7天待用。然后将玉米粉、麦麸称量后放入，拌匀，石膏、红糖溶入水后拌入，充分拌匀、堆放半小时左右再装瓶或装袋。

（三）混合配方

配方1：棉籽壳20%，玉米芯57%，麦麸20%，红糖1%，石灰1%，石膏1%，含水量65%，pH 7左右。

配方2：玉米芯58%，棉籽壳15%，麦麸23%，石膏1%，石灰1%，红糖2%，含水量65%，pH 7左右。

将棉籽壳、玉米芯先用pH 9～10石灰水浇透，堆放发酵5～7天待用。然后将麦麸称量后放入、拌匀，石灰、石膏、红糖溶入水后拌入，充分拌匀、堆放半小时左右再装瓶或装袋。

二、装瓶与装袋

生产原种常用的是750毫升的专用菌种瓶，刷净消毒后待用。麦粒培养基装瓶时，应稍微蹲实。棉籽壳或混合培养基装瓶时，料装至瓶颈时，可用木棒或较粗的接种钩压实、压平，然后在料中间扎一直径为1.5～2厘米的孔，瓶口内外壁擦拭干净。用干净的普通棉花做成棉塞，塞于瓶口内，深度应为棉塞的 2/3，要松紧适度，塞好后，用牛皮纸或旧报纸包好，用绳扎牢。

生产栽培种时，一般选用 17 厘米 ×35 厘米 ×0.005 厘米的高压聚丙烯塑料袋。装料时应用手边装边压实，轻拿轻放，装好后用绳扎牢或套口。

三、灭菌

原种、栽培种的培养基灭菌时，一般采用高压蒸汽灭菌法。把原种瓶或塑料袋培养基在高压锅内摆放整齐，盖好锅盖，点火或送入蒸汽加温升压，当锅内压力达到 0.05 兆帕时，开启排气阀排出锅内冷空气，如一次排不净，升压后再排一次。冷空气排净后关闭排气阀，继续加温升压，当压力达到 0.15 兆帕时，维持 2 小时，此阶段是灭菌的关键时段，一定要保持压力恒定。灭菌时间达到后，可停止加温或送蒸汽，让其压力自然下降，待锅内压力降为 0 后，打开锅盖，取出菌种瓶或栽培袋，放干净处冷却。

四、接种培养

当瓶内或袋内培养基温度降至 25℃ 左右时，将试管母种或原种同原种培养基或栽培种培养基一起放入无菌接种箱或接种室内，用烟雾消毒盒，密闭熏蒸杀菌 30 分后，开始接种，按照无菌操作规程进行接种操作。一般 1 支试管母种可接原种 4～5 瓶，1 瓶原种可接栽培种 15～20 袋。接种量不可过少，否则，菌丝生长慢且易感染杂菌。

菌种接好后，应及时取出放在干净的培菌室内培养，培菌室内温度控制在 20～25℃，空气相对湿度控制在 65%～70%，如果空气相对湿度高于 70% 时，要及时开窗通风降湿。要遮住窗户，尽量避光培养。开始培养的前 5 天，要经常检查发菌情况或有无杂菌污染，及时挑出杂菌污染的菌瓶或菌袋。一般 30～45 天便可长满菌袋。菌丝长满菌袋或菌瓶时，再培养 5～7 天即可使用。

> **特别提示**
>
> 原种及栽培种生产时，应严格注意以下几点：
>
> 1. 培养料温度必须降到 28℃ 以下，方可接种。
>
> 2. 接种场所及接种工具要进行严格的消毒，包括接种箱或接种室事先进行熏蒸消毒，料瓶进箱（室）后进行紫外线消毒，接种工具及接种人员手臂消毒等。
>
> 3. 注意合理摆放接种后的瓶（袋），不要太拥挤。
>
> 4. 控制好室内的温度、湿度，一般菌种培养温度掌握在 25～28℃，不低于 20℃，不高于 30℃。空气相对湿度掌握在 65%～70%。
>
> 5. 要注意避光培养，门窗都要挂遮阳物，防止阳光照射导致培养料水分蒸发。
>
> 6. 要注意通风换气，保持新鲜空气畅通。
>
> 7. 要不定期检查，及时挑出污染或有疑点菌种。

第五节　菌种质量鉴别

一、母种质量标准

用肉眼直接观察斜面菌丝，若菌丝呈洁白放射状，且生长浓密、粗壮、整齐、无间断，无杂菌污染，气生菌丝爬壁力强，培养基无萎缩现象，接种点无菌丝退化和自溶现象者为合格菌种。

凡菌种瓶内发现红、黄、绿、黑等杂菌危害斑块或有明显拮抗线的污染菌种，应坚决抛弃不用。母种质量感官要求标准详见表4－2。

表4－2　母种质量感官要求标准

项　目		要　求
容　器		完整，无损
棉塞或无棉塑料盖		干燥、洁净、松紧适度，能满足透气和滤菌要求
培养基灌入量		为试管总容积的 1/4～1/5
培养基斜面长度		顶端距棉塞 40～50 毫米
接种量（接种块大小）		（3～5）毫米 ×（3～5）毫米
菌种外观	菌丝生长量	长满斜面
	菌丝体特征	白色、浓密
	菌丝体表面	均匀、平整、无角变
	菌丝分泌物	无
	菌落边缘	整齐
	杂菌菌落	无
斜面背面外观		培养基不干缩，颜色均匀、无暗斑、无色素
气　味		有长根菇菌种特有的香味，无酸、臭、霉等异味

二、原种和栽培种质量标准

优质的菌种应当具有菌丝致密、白色、粗壮有力、料面气生菌丝整齐均匀，瓶壁四周菌丝顺展且爬壁力强，无间断，无杂菌污染，菌龄在 30～45 天，菌丝应长满瓶或袋，均匀布满瓶子周围，外观颜色一致，无不均匀斑，培养基由棕黑色转为淡棕黄色，菌丝不萎缩，不发黄，菌龄掌握在菌丝满瓶后 10～15 天使用。如培养基干缩，脱离瓶壁，并出现黄色积液时，则表明菌种已老化，不能使用，应淘汰。

菌种的质量直接关系到长根菇栽培的成败及栽培者经济效益的高低。在进行栽培前，一定要认真检查菌种的质量，挑出不合格的菌种，严把菌种质量关，确保栽培成功。

菌种的质量检测除以上感官鉴定外，还应进行小面积的出菇试验。用塑料筐或泡沫箱等装入灭过菌的培养料或发好菌的培养袋，通过接入菌种或覆土，观察其发菌或出菇快慢、原基的形成数量、抗杂能力、子实体的形态、生物学转化率等，凡出菇快、整齐、抗性强、产量高的均为优良菌种。原种与栽培种感官质量要求标准详见表 4-3、表 4-4。

表4-3 原种感官质量要求标准

项　目		要　求
容　器		完整，无损
棉塞或无棉塑料盖		干燥、洁净、松紧适度，能满足透气和滤菌要求
培养基上表面距瓶口的距离		50 毫米 ±5 毫米
接种量（每支母种接原种数，接种物大小）		（4～6）瓶（袋）≥12 毫米 ×15 毫米
菌种外观	菌丝生长量	长满容器
	菌丝体特征	白色浓密，生长旺健
	表面菌丝体	生长均匀，无角变，无高温抑制线
	培养基及菌丝体	紧贴瓶（袋）壁，无干缩
	表面分泌物	无
	杂菌菌落	无
	拮抗现象	无
气　味		有长根菇菌种特有的香味，无酸、臭、霉等异味

表4-4 栽培种感官质量要求标准

项　目	要　求
容　器	完整，无损
棉塞或无棉塑料盖	干燥、洁净、松紧适度，能满足透气和滤菌要求
培养基面距瓶（袋）口的距离	50 毫米 ±5 毫米
接种量［每瓶（袋）原种接栽培种数］	（30～50）瓶（袋）

项　目		要　求
菌种外观	菌丝生长量	长满容器
	菌丝体特征	洁白浓密，生长旺健
	不同部位菌丝体	生长均匀，无角变，无高温抑制线
	培养基及菌丝体	紧贴瓶（袋）壁，无干缩
	表面分泌物	无
	杂菌菌落	无
	拮抗现象	无
气　味		有长根菇菌种特有的香味，无酸、臭、霉等异味

三、菌种简易保藏

引进的菌种或自制的菌种有时不能及时用完，若在外界放置时间过长，会使菌丝老化、失水干燥、生活力下降。再用到生产上，易致杂菌污染，降低栽培成功率。因此，应采取一定的方法保存起来。

（一）常温保藏法

长根菇菌丝体在温度低于8℃的条件下，停止生长，甚至死亡，因此，不适合在冰箱低温保藏，一般多采用常温保藏，具体做法是，按上述原种培养基配方，装料时要比平常稍微紧些，灭菌后接入母种，在18℃左右培养，当菌丝向下吃料至4~5厘米时，用牛皮纸包好棉塞，套上干净纸袋，置阴凉处保存，可保存5~8个月。

（二）改变环境保藏

若原种或栽培种已成熟，一时间又用不完，可先将菌种放置于干燥、阴凉、避光且干净的房间内，瓶（袋）与瓶（袋）之间应拉开一定距离，注意温度、湿度的变化，常通风换气。有条件的，可放到空调间内，温度调到18℃左右，空气相对湿度在40%~50%，以防菌丝退化。

第五章 长根菇高效生产的设施与主要设备

导语：长根菇生产和其他菇类一样，都需要具备一定的条件，应根据其生物学特性为其营造一个适宜其生长发育的环境。

无论工厂化或设施大棚都应选择周边环境卫生、给排水方便、通风良好、交通便利、无污染源、土地坚实的场所；菇房设计布局应根据生产流程、栽培工艺等，结合地形、自然环境和交通条件等进行菇场的总体设计安排；栽培架不宜过高过宽，以操作方便为原则。

第一节　生产设施

一、日光温室

日光温室可最大限度地利用光能，保温性能好，在冬季可以满足长根菇正常生长对温度的要求，解决了一般大棚加温困难、保温性差的问题，可以节约大量的燃料费用，省工、省力。

日光温室一般坐北朝南，东西延长，向东或向西偏斜5°～7°，结构有土筑墙式和砖筑墙式两类。跨度7～10米，棚长50～60米或因地制宜。前坡一拱到底，拱杆可用水泥、钢筋预制，也可用钢管、钢筋焊接。后坡长1.2～1.5米，矢高3.0～4.0米，后墙高1.8～2.5米，土筑墙的墙体厚度为0.8～1米，砖筑墙的墙体厚度为0.5米。后墙上距地面1～1.2米留25厘米×30厘米的通气孔，孔距1.2～1.5米。

骨架一般选用钢架材料或竹木材料，也可用专用的水泥预制品骨架。日光温室覆膜多采用聚氯乙烯耐老化无滴膜或聚乙烯多功能复合膜。日光温室外观及内部结构见图5－1及图5－2，砌墙体的保温材料多用炉渣、锯末、硅石等，后坡的保温材料多用秸秆和草泥，前坡多用草帘或采用卷帘机升降棉毡覆盖。

图5－1　日光温室外观

图5-2 日光温室内部结构

二、塑料大棚

1. **拱形塑料大棚** 该类型棚因受地形限制以南北走向居多，个别也有东西走向。骨架多采用钢管、PVC塑料、水泥预制品等，棚宽10~12米，长50~60米，矢高2.5~3米，每隔1米设一拱形桁架。棚内有立柱或无立柱。棚上覆膜多采用高强度的聚乙烯膜或无滴型聚氯乙烯耐老化大棚膜。保温遮阳材料多采用稻草或麦秸草帘，遮阳也可采用专用的黑色遮阳网。拱形塑料大棚及内部结构见图5-3、图5-4。

图5-3 拱形塑料大棚

图5-4 拱形塑料大棚内部结构

2. **屋脊形塑料大棚** 屋脊形塑料大棚采光保暖性好，建造省力，成本低。大棚东西走向，坐北朝南，北面用砖墙或土墙筑成，南面可筑矮墙或不筑墙而直接用塑料膜。大棚北高南低，北墙一般高 2.5～3.2 米，南墙高 1～1.5 米，北墙厚度要大一些，南北墙上每隔 2 米左右留一通风口。大棚骨架多采用竹木或水泥预制品，取材容易，建造省力、省工，农村多采用这种形式。棚上覆膜多采用高强度的聚乙烯膜或无滴型聚氯乙烯耐老化大棚膜。保温遮阳材料多采用稻草或麦秸草帘，遮阳也可采用专用的黑色遮阳网。屋脊形塑料大棚见图5-5。

图5-5 屋脊形塑料大棚

3. 竹木型塑料大棚 竹木型塑料大棚骨架以竹木为主，棚宽8～10米，长50～60米或因地制宜，中间纵向由脊檩和顶柱形成支撑，每隔50厘米横担一根竹竿。边行立柱应不低于1.8米，中间高度不低于2.0米。骨架建好后，先在棚顶上覆盖一层塑料膜作底膜，棚膜拉紧固定后，上一层草帘、泡沫板或棉被用于遮阳保温，然后再上一层塑料膜用于防水，最后再上一层草帘或棉毡保护上层棚膜。竹木型塑料大棚外观及内部结构见图5-6。

A. 大棚外观

B. 内部结构

图5-6　竹木型塑料大棚

三、工厂化床架栽培菇房

菇房宜坐北朝南，每座菇房面积为 10 米（长）×7.7 米（宽），层架式栽培，设 5 层 3 排，每层面积 45 米², 每座菇房栽培面积 225 米²。每排架宽 1.2 米，层间距 60 厘米，底层距离地面 30 厘米，顶层离房顶 1 米，菇床两边及中间设 80 厘米走道，便于操作，见图 5 - 7。

图 5 - 7　工厂化床架栽培菇房

第二节 常用生产设备

近年来，食用菌生产人工成本迅猛增加，机械设备引入食用菌生产过程是大势所趋。长根菇生产也不例外，整个生产过程中，都有生产设备的深入，这大大提高了生产效率，降低了生产成本，提高了经济效益。

一、原料加工设备

栽培长根菇的原料种类很多，常见的有木屑、棉籽壳、玉米芯、麦秸、豆秸、玉米秸等，除棉籽壳之外都需要进行粉碎处理，所以粉碎机是非常必要的原材料加工设备。常见的粉碎机有以下几种：

1. 木屑粉碎机　木屑粉碎机型号较多，价格从 1 000 多元到十余万元不等，生产者可以根据需要选用相应规格及型号，见图 5 - 8。

图 5 - 8　木屑粉碎机

2. **秸秆粉碎机** 以粉碎小麦秸秆、玉米秸秆等为主的粉碎机较多，型号各不相同。可以根据粉碎物品的差异，选用相应规格的粉碎机和配套电机，见图5－9。

图5－9 秸秆粉碎机

3. **玉米芯粉碎机** 可选用玉米芯专用粉碎机，粉碎效果较好，颗粒度大小适中。玉米芯粉碎机和秸秆粉碎机有相似的机型可以通用，因现在玉米芯用量较大，玉米芯大型专用机械较多，型号也较多。配备动力有电动机和柴油机两类，见图5－10。

图 5 – 10　玉米芯粉碎机

　　4. 大型联合粉碎机　专业化的原料生产加工企业多采用大型粉碎设备。该类型机械自动化程度高，生产效率高，粉碎质量好，见图 5 – 11。

图 5－11　大型联合粉碎机

二、原料搅拌设备

1. **自走式拌料机**　生产上用得较多的是自走式拌料机，见图 5－12。该机由开堆、搅拌器、惯性轮、走轮、变速箱组成，配用 2.2 千瓦电机及漏电保护器，生产效率 5 000 千克／时。体积 100 厘米 × 90 厘米 × 90 厘米（长 × 宽 × 高），自身重量 120 千克左右。自走式拌料机体积小、效率高、便于操作，是目前实用性较强的新型设备。

图 5 - 12　自走式拌料机

　　2.大型液压翻斗式拌料机　基地栽培食用菌通常采用大型液压翻斗式拌料机,自动上料、自动搅拌、自动卸料,解决了劳动强度大、拌料不均匀的难题,见图 5 - 13。

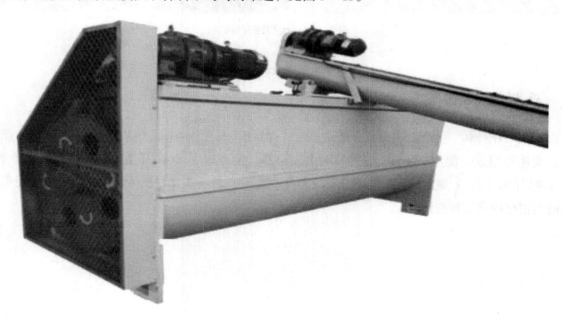

图 5 - 13　大型液压翻斗式拌料机

3. **条式翻料机** 条式翻料机是近些年才上市的拌料机，翻料前只需把料按配方掺好，抖成翻料机一样宽度即可翻料，省事、简单，缺点是翻料不均匀，见图5－14。

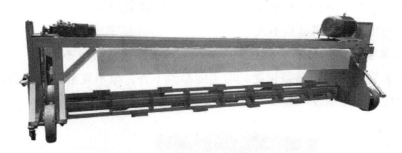

图5－14 条式翻料机

三、装袋设备

装袋机可快速将拌好的培养料装入袋中，是长根菇生产中不可缺少的机械。根据市场上所售装袋机的使用情况，大致可分为冲压式、螺旋推进式、智能程控装袋扎口一体机三大类装袋机，在生产实践使用过程中，各具有优缺点。

1. **冲压式装袋机** 装袋快而稳定，由于是机械推动，人随机器动，可保证生产量达到预期生产效率；采用冲压式装袋机所装的菌袋均匀、密实、一致，袋之间差异很小，符合商品化制袋生产要求，见图5－15。

图5－15 冲压式装袋机

由于采用冲压设计，压后袋内压力不匀易造成料袋微孔和大小头，这是食用菌栽培中最忌讳的，也是冲压式装袋机致命的弱点。冲压式装袋机对栽培原料有苛刻的要求，原料颗粒稍大或预湿不好就会将袋子冲破，形成大孔；菌棒扎口仍采用人工扎口，导致菌袋用工多，成本增加，一个装袋机后面配五六个人扎口，与小型装袋机区别不大。

2.螺旋推进式装袋机　所装料袋微孔较少，没有大孔；装袋数量不稳定，由于是人工操控机器，导致产量没保证；装袋不标准，菌袋长度、虚实度参差不齐，很不规范，菌袋商品性差；用人多，与手工装袋没有明显区别，见图5-16。

图5-16　螺旋推进式装袋机

3.智能程控装袋扎口一体机　所装料袋微孔较少，没有大孔；装袋数量没保证，由于是人工操控机器套袋，导致生产量没保证；只要装袋前定好装袋参数，菌袋基本标准，菌袋长度一致、紧密，商品性较好，见图5-17。

图5-17　智能程控装袋扎口一体机

第六章 长根菇塑料袋高效栽培技术

导语：长根菇属于中温偏高型菇类，常常采用塑料袋栽培模式。

一、栽培流程

培养料配制→装袋→灭菌→接种→发菌管理→覆土→出菇管理→采收。

二、栽培季节

长根菇生产安排在秋末冬初的低温时段。这个时段进行接种制袋有三个好处：一是低温条件下，空气中杂菌基数小，可大幅降低制袋的污染机会；二是稍低温度条件下，更适于长根菇菌丝体的健壮生长，培育出健康的菌袋，可有效提高单产；三是提前在秋冬季制袋接种，比翌年春季制作的菌袋出菇期明显提早。

长根菇菌丝长满袋需要 30～45 天，菌丝长满袋后还需 30～45 天的生理成熟才能出菇，要求适温下菌龄达 60 天以上。因此，根据长根菇生物学特性，菌丝生长温度为 12～35℃，最适温度为 20～26℃，出菇温度为 16～30℃，最适温度为 23～25℃。在我国南方地区可采用春秋两季栽培，春季一般选择在 12 月至翌年 1 月制菌袋，3～5 月出菇；秋季选择在 7 月上旬制菌袋，9～11 月出菇。而北方地区宜采用秋冬季制袋，翌年夏秋季出菇。一般选择在 9～11 月制袋，常温或加温条件下发菌，翌年 5～9 月出菇。夏季宜在高海拔山区或移到林下遮阴栽培。每年可在夏末至秋季栽培一季，秋末接种翌年 4～5 月再安排一季。根据福建省中部地区气候，安排秋末冬初接种翌年 4 月出菇最好，可避开病虫发生高峰期，生理成熟时间充足，室内菌丝生长温度适合，大大降低污染率，提高产量。在黄淮及东北地区，气温转低，一般每年 7～8 月制母种、原种，9 月上旬至 11 月上旬制栽培袋，待菌丝长满袋后即进入低温季节，这时菌丝生长缓慢而健壮，并能积累充分的养分。翌年 5 月，将发好的菌袋移入出菇棚内覆土出菇。5～9 月是子实体生长的季节。

三、菌种制备

菌种生产时间一般根据长根菇栽培季节的安排确定。

（一）母种制备

在自然季节条件下进行栽培的，一般母种生产于栽培袋接种前 95 天制备。

（二）原种制备

原种于栽培袋接种前 80 天制备。

（三）栽培种制备

栽培种于栽培袋接种前 40 天左右制备。不同的地区，要根据当地的自然气候特点和设施设备条件，具体安排。

四、原料准备

大多数的农作物下脚料都可用于栽培长根菇，如各种杂木屑、甘蔗渣、棉籽壳、稻草、玉米芯、玉米秆、木薯秆、桑枝条等。各地可因地制宜，选择既经济又高产的原料来配制长根菇的培养料配方。所用原料均要求新鲜、无霉变，因此原料在使用前应进行曝晒。

五、培养料配制

（一）培养料配方

配方 1：杂木屑 68%，棉籽壳 7%，麸皮 23%，糖、碳酸钙各 1%，含水量 60% 左右。

配方 2：杂木屑 75%，麦麸（或米糠）15%，玉米粉 6%，糖 1%，磷酸二氢钾 1%，过磷酸钙 1%，石膏粉 1%，含水量 60% 左右。

配方 3：玉米芯 60%，稻草 17%，麦麸（或米糠）20%，糖 1%，过磷酸钙 1%，石膏粉 1%，含水量 65% 左右。

配方 4：杂木屑 60%，玉米芯 20%，麦麸（或米糠）18%，糖 1%，石膏粉 1%，含水量 60% 左右。

配方 5：棉籽壳 50%，木屑 35%，米糠 12%，石膏 1%，过磷酸钙 1%，糖 1%，含水量 60% ~ 65%。

配方 6：棉籽壳 80%，麦麸（或米糠）12%，玉米粉 5%，糖 1%，过磷酸钙 1%，石膏粉 1%，含水量 65% 左右。

（二）配制搅拌

按照配方定量称取各种原料，先将主料干拌均匀，再和其他辅料混合，然后调节含水量至 60% ~ 65%，并用石灰粉调节 pH 至 7.5。测含水量时用手握紧培养料，稍用力挤压，在指缝间看见有水渗出但不下滴（图 6 - 1），此时的含水量为 60% ~ 65%。如果使用棉籽壳作为主要原料，棉籽壳需要提前 1 天预湿。在夏季预湿棉籽壳时，应加放 1% 的石灰，并且预湿后的棉籽壳不可堆放，只能摊开，以免发酸。第 2 天按照配方，把预湿的棉籽壳、麦麸、糖水和碳酸钙混合拌匀，调节含水量至 65%。生产规模较大的，可以采用拌料机拌料（图 6 - 2），以提高工作效率。

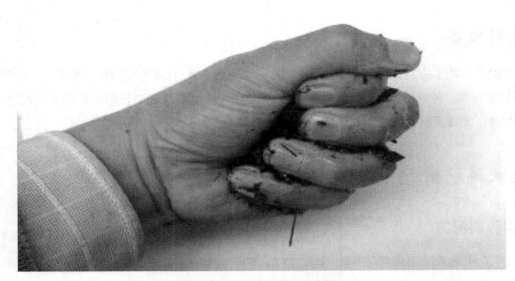

图6-1 培养料含水量测试

图6-2 拌料机拌料

六、塑料袋的选择与装袋

（一）塑料袋的选择

在生产实践中，栽培长根菇用的塑料袋由于材质不同，可分为聚乙烯和聚丙烯两种。另外还有塑料袋的粗细、长短也不一样，各自可以根据实际情况进行选择使用。

1. 根据灭菌方式选择塑料袋材质　高压灭菌的一定要选择聚丙烯塑料袋（图6-3），这种袋子透明度好，材质较脆，低温条件下易破损，但它能耐126℃的高温和0.137兆帕的压力。聚乙烯塑料袋（图6-4）在高温高压条件下就会熔化粘连。如果是采用常压灭菌的则可以选择聚丙烯塑料袋或聚乙烯塑料袋。聚乙烯塑料袋虽然透明度不高，但材质柔软，不易破碎。

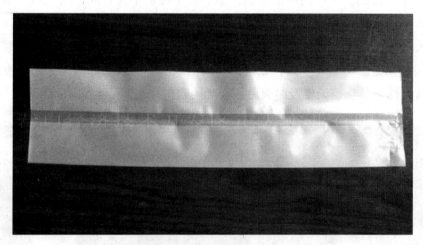

图6-3　聚丙烯塑料袋

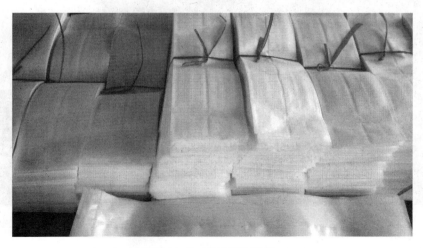

图6-4　聚乙烯塑料袋

2. **根据出菇方式选择塑料袋规格**　长根菇的出菇方式受气候条件影响很大。气候冷凉干燥的北方地区，袋栽长根菇可出 3 ~ 4 茬菇，可选用孔径较粗的塑料袋；而气候温热湿润的南方地区袋栽长根菇可出 2 ~ 3 茬菇，则选用孔径较细的塑料袋较为适宜。生产上常采用的规格有 15 厘米 × 33 厘米、17 厘米 × 33 厘米等几种，厚度多为 0.04 ~ 0.05 毫米。

（二）装袋

将拌好的培养料装入（17 ~ 15）厘米 × 33 厘米 × （0.04 ~ 0.05）毫米的聚丙烯或聚乙烯塑料袋，装料量以压紧后高度为 18 厘米左右较为适宜，每袋装干料重在 0.4 ~ 0.45 千克。装好袋后用绳子将袋口扎紧，绳头留成活结，以利于接种时操作；也可套好颈圈，塞紧棉塞。第一茬菇采用室内出菇的，可在料袋中间打一直径约 1.5 厘米、深 12 厘米的洞，有利长根菇菌丝生长，加快发菌速度，从而达到缩短培养期和减少污染的目的。采用荫棚出菇的，制袋时不提倡中央打洞，南方沿海雨水多，避免出菇管理时洞中积水。

生产规模较大者可以用机械装袋（图 6 - 5）。不论是人工装袋，还是机械装袋，袋内的原料要求松紧适度，虚实均匀。太紧影响菌丝生长，太松菌袋内的原料不易成型。适宜的松紧度应是用手指轻按不留指窝，手握有弹性。装袋当天要及时灭菌，否则培养料在袋内发生酸败。

图 6 - 5　装袋机装袋

另外在装袋和菌袋搬运过程中，注意不要扎破或碰破塑料袋，发现塑料袋破损要及时采取补救措施。

七、灭菌

（一）灭菌形式

装好的料袋不宜过夜，应该立即装锅，进行灭菌。一般灭菌分为常压灭菌和高压灭菌两种形式。

1. 高压灭菌要求　在 0.137 兆帕的压力下，维持 150 分左右。若塑料袋规格大则灭菌时间相应延长。高压灭菌过程中一定要注意将高压蒸汽灭菌锅内冷空气排放干净，避免因锅体内冷空气放不完而影响灭菌效果。

2. 常压灭菌灶选择　常压灭菌有简易常压灭菌灶、常压灭菌灶和专用蒸汽发生炉（图 6-6）等形式。在长根菇生产上使用专用蒸汽发生炉进行灭菌较为普遍。

图 6-6　常压灭菌

（二）灭菌方法

常压灭菌设备简单，容量大，成本低，生产上多采用常压灭菌灶进行灭菌。灭菌温度要求在 4～6 小时内下部料温上升到 100℃，升温时间过长也会导致培养料酸败。达 100℃后要保持 12～15 小时。灭菌结束后不能马上出锅，让栽培袋在灶内焖 1 天或 1 夜，以提高灭菌效果。然后打开进料门，使温度自然降到 60℃以下时出锅，将栽培袋搬入事先消毒处理好的接种室。

（三）灭菌环节注意事项

灭菌是菌袋生产的关键环节，灭菌不彻底，会导致生产的失败。目前，生产中灭菌主要采用常压灭菌，应注意以下几点：

1. **及时灭菌**　当天装的袋子必须当天灭菌，不宜停放过夜。若不得已延长了装袋时间，则要添加生石灰将培养料的 pH 调高，防止酸败，这一条需要不折不扣地去执行。

2. **常压灭菌要求**　常压灭菌开始时尽量大火猛攻，争取使灶体温度尽快上升到 100℃，当灶体最底层料袋中心温度上升到 100℃ 时，维持时间 12 小时以上。灭菌期间不能停火，也不能掉温，否则，要重新计时。

3. **补水要求**　烧火中间要注意补水，一次补水量不要太多，防止灶体内温度骤然下降。

4. **菌袋摆放要求**　灶体内菌袋的摆放不宜太密实，袋与袋之间一定要留有间隙，作为蒸汽流动的通道。

八、接种

接种是袋栽长根菇非常关键的技术环节，接种质量的好坏将直接影响菌袋的成功率。接种方式有接种箱内接种、接种室内接种和简易接种帐接种等，前两种较多采用。

（一）接种箱内接种

采用接种箱内接种时，先将冷却好的菌袋放入接种箱（图 6-7），再将所用菌种、接种工具、用具、消毒物品一同放进箱内，用气雾消毒剂熏蒸 30 分后开始接种。气雾消毒剂用量为每立方米空间 5 克，用火柴引燃，利用药品产生的烟雾杀死箱内杂菌。

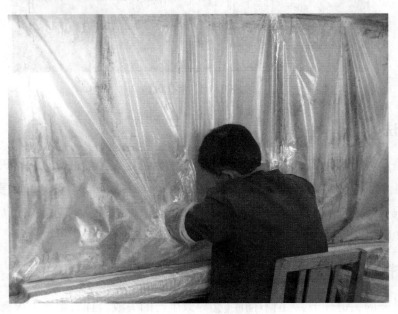

图 6-7　接种箱内接种

（二）接种室内接种

接种室内接种（图6-8）的消毒方法与箱内相同，但室内接种时要将门窗封闭严密，接种时2~3人合作，接种操作时每隔30分用消毒大王或金星消毒液在操作区上方喷雾一次。接种过程要求操作快速、准确，确保接种质量。袋栽长根菇多采用一端接种方式，接种时在室内解开袋口，将菌种放入料表面，最好能将料表面覆盖，然后迅速将袋口扎好。

图6-8　接种室内接种

（三）接种注意事项

根据在实际生产中发现的问题，接种要做到以下几点：

一是做好接种前环境的消毒工作，接种箱要搬到太阳底下曝晒一天，然后进行空箱熏蒸；接种室要在使用前72小时内，进行药物熏蒸和紫外线灯照射双重消毒灭菌一次。

二是要做好接种人员的清洁卫生，接种要穿消过毒的工作服，特别是不要留长指甲，不戴手饰，避免划破菌袋。

三是严格进行手和器械的消毒，手臂要用75%乙醇擦拭消毒；接种器械使用前，最好是进行灭菌处理，使用时用75%乙醇或煤酚皂擦拭消毒。

四是在接种室接种，不要喧哗，不要来回走动，减少室内空气流动。每隔半小时要用药物喷洒空间进行消毒，对器械、手等也要同时进行擦拭消毒。

九、发菌期管理

菌袋的培养很关键,菌袋培养得好,将来出菇产量高、品质好;菌袋培养得不好,将来出菇产量低、品质差。如果在菌袋培养阶段菌袋发热受损,后期可能还会导致不出菇。

这一阶段管理的重点在控制温度,及时拣出杂菌袋,保持良好的通风和黑暗条件。在温度控制上,要坚持做到对菌袋内部的温度进行经常性的观测,特别是菌垛中间菌袋的温度。也可以在每垛中间插一个温度计,经常进行观察,以便及时掌握菌袋内温度的变化。因为菌丝发菌产生的呼吸热容易积累,有时使菌袋温度高出环境温度很多,从而造成烧菌,这一点千万要引起重视。

接好菌种的菌袋要尽快移入培养室进入发菌期管理。培养室要求干净、干燥、黑暗、保温性能好,能够通风。移入菌袋前,培养室要先打扫干净,并用气雾消毒剂熏蒸消毒一次,有条件的,培养室内可做成多层式的培养架(图6-9),以增加房间的利用率。没有培养架的,将菌袋两袋对头相挨摆在一起,顺码往上摆成一排,堆高8~10层,可先将地面整理干净,再铺上一层薄木板或者透气性较好的保温物,再排放菌袋。排与排之间留50厘米左右宽的走道,以便于检查菌袋发育情况。秋栽因气温较高,因此摆放时菌袋间应留一定距离,以利于散热;春栽因气温较低,菌袋可紧密排放。

图6-9 菌袋排放

发菌期要求培养料的温度基本恒定在24℃左右,空气相对湿度在70%以下、暗光或无光、通风良好。菌袋培育过程通常分为三个主要管理阶段：

（一）菌丝萌发定植期

接种后的菌袋,第1～3天为萌发期,接入菌袋的菌种开始发出白色菌丝。第3～6天为定植期,萌发的菌丝体开始向培养料中生长。此时袋温比室温低1～3℃,室温可控制在26～28℃,创造适宜长根菇菌丝体萌发定植的最佳温度。一般不通风,更不要翻动菌袋,若此时室温低于23℃,需要采取加温措施,如棚室堆垛发菌的,可在菌袋上覆盖塑料薄膜或保温被提高袋温；若室温高于30℃,需通风降温。经过6天时间的培养,接种穴周围可看到白色绒毛状菌丝（图6-10）,说明菌种已萌发定植。

图6-10　菌丝萌发定植期

（二）菌丝生长发育期

1. **接种后7～10天**　接种穴口菌丝直径可达2～3厘米。此时,可将菌袋扎口的细绳放松一些,以增加通气量,促进菌丝快速生长。这时的菌袋温度要比室温低1～2℃,室温可降低并控制在

25~26℃，早晚通风一次，每次20~30分，保持新鲜空气；室内空气相对湿度控制在50%~70%。同时进行第一次翻堆检查，发现杂菌应立即用药液处理。

2. 第11~15天　菌丝已开始旺盛生长，菌丝吃料达4~6厘米。袋温与室温基本相等，此时室温控制在24~25℃，以保温为主，加强通风，进行第二次翻堆。

3. 第16~20天　菌丝大量增殖，菌落直径达7~10厘米，菌丝代谢旺盛（图6-11）。袋温比室温高3~4℃，室温可控制在20~21℃，适当通风，保温为主。从此以后，要随时测量袋温，不可使袋温超过27℃。如果这期间气温升高，要特别注意加强通风，严防袋温超过30℃。可采用电风扇排风，加大空气流量，以降低温度。

图6-11　菌丝旺盛生长期

4. 第21~30天　此时菌丝生长迅速，逐渐长满全袋（图6-12），这段时间，由于菌丝体生长产生的呼吸热，使菌袋温度高于室温4~5℃，管理上应注意加强通风、散热降温。正常情况下，40~50天长根菇菌丝体发满菌袋（图6-13）。

图 6－12　菌丝逐渐长满菌袋

图 6－13　菌丝长满菌袋

发菌关键时期注意三方面工作：

第一，接种后10天内是非常关键的时期，各种杂菌异常活跃，应在第6天就翻袋检查杂菌，在翻袋前及每天通风后喷洒50～100倍金星消毒液，直到第15天结束。

第二，控制温度严防烧菌。此阶段关门窗、翻堆后，容易引起升温，长根菇菌丝体快速生长期及天气长期闷热等都会引发烧菌。故在管理上应勤开门窗，降低堆高，随时观察温度变化，及时采取降温措施。

第三，根据发生杂菌类别采取不同措施。绿霉是长根菇生产的大敌，应早发现、早隔离，污染点菌落不超过3厘米时，先干净彻底地将病菌穴挖掉，用100倍克霉灵拌木屑填平，用胶带封口。黄曲霉、链孢霉在发菌期前期危害大，尤其在长根菇菌丝体未定植或刚定植（菌穴不超过4厘米）发生感染的，应做报废处理；一旦接种穴菌丝体直径超过4厘米就不要处理病穴，虽影响生长但不影响菌袋成功率。需要注意的是发现链孢霉应立即隔离，以防传染。无论是发生哪种杂菌都应采取降温处理，低温有利于长根菇菌丝体生长，抑制杂菌生长。

（三）菌袋的后熟处理

一般经过45天左右，菌丝可以长满菌袋，不要急于覆土出菇。长根菇菌丝长满菌袋后，此时虽然从外观上看菌丝已经长满袋，但菌丝体并没有完全发透全部培养料。应继续养菌20～30天的时间，使菌袋彻底发透，菌丝充分生理成熟，即后熟（图6－14）。否则，会影响长根菇的产量和品质。这一时期的管理要点是：控制培养室温度在24～28℃，空气相对湿度80%左右，增加光照刺激，加强通风，以促进长根菇菌丝从营养生长向生殖生长转化。当菌丝颜色逐渐变深，说明此时已达到生理成熟后，可将菌袋运往出菇场转入出菇管理。

图6－14　菌袋后熟培养

十、覆土

长根菇菌袋达到生理成熟后要进行覆土出菇。其实，长根菇和双孢蘑菇不同，不覆土也可以出菇，但是，覆土能有效地保持水分，并能为长根菇子实体的生长提供养分，提高长根菇的产量。

（一）土质选择与调制

覆土材料要求质地疏松，富含腐殖质，透气性、保水性要好，直径大小以 0.5～2 厘米为好。覆土材料应提前准备，取透气性良好的菜园土作为覆土材料，要在使用前曝晒 2～3 天，再喷上 2% 甲醛溶液，覆膜密闭熏蒸消毒 2～3 天，然后摊开散去甲醛味，过筛备用。

（二）覆土模式

1. *袋面直接覆土*　准备工作做好后，把已达到生理成熟的长根菇菌袋挑出来，拔去棉塞套环，挖去接种点的老化菌种和菌丝（图 6－15），再把袋口拆开竖起，折成边缘比料面高 3～4 厘米，再把处理好的菜园土略调湿，覆在长根菇菌袋料面厚 2～3 厘米，然后喷雾状水，把覆土调成含水量约 65% 左右的湿土（图 6－16）。最后在靠近料面的塑料袋在不同侧面割 2～3 个渗水口，以防积水于袋内。开好的菌袋排放于地板或层架上，由于夏季炎热，袋与袋之间最好有 2 厘米的距离。在催蕾期，为保持覆土的湿度，应勤喷水，喷轻水，以防覆土太湿或结块。在温度适合时，15～30 天就可现蕾，在子实体生长期间，喷水应掌握"干干湿湿"，因为长期高湿容易滋生菇蝇、螨虫和杂菌，长期干燥也不利于子实体的生长。另外，喷水还应喷雾状水，以免泥土溅到子实体上影响商品价值。

图 6－15　清理老化菌种和菌丝

图6-16 袋内覆土

　　2.脱袋覆土　脱去菌袋,并清除菌棒原接种点处的老化菌种和菌丝。然后把长根菇菌棒横排或竖排放在事先经灭菌杀虫处理过的畦面上,一般横排模式每排放入4个菌棒,竖排模式每排放入8个菌棒,竖排时每个菌棒间要留有3厘米左右的空隙。摆放好后,先用处理过的黄土填实菌棒之间的缝隙(图6-17),再在菌棒上覆3~4厘米的肥土(图6-18)。

图6-17 菌棒间填土

图 6 - 18　菌棒上覆土

以上两种覆土出菇方式，只需开袋后将老化的菌种和不健康的老化菌丝清除，不提倡搔菌，因为黑褐色菌皮能减少菇筒的水分蒸发和防止杂菌感染。

十一、出菇场地的选择

（一）出菇场地

根据长根菇子实体生长发育所需外界环境条件的要求，出菇场地可以选择日光温室（图 6 - 19）、塑料大棚（图 6 - 20）、室内、简易遮阳棚、林地（图 6 - 21）等不同栽培形式。炎热的夏季，林地间作既能养树护树，树木又能为长根菇遮阴保湿，还能减少设施投资，一举三得。

图 6 - 19　日光温室栽培

图 6 - 20　塑料大棚栽培

图 6 - 21　林地栽培

（二）设施内栽培模式

1. **床架栽培**　按栽培规模 10 000 袋设置，约需 170 米^{2}的层架。要求棚长 10 米，棚宽 5 米，棚高 3.5 ~ 4 米，床架 4 层。

搭建时先按设计要求搭建床架，床架宽 150 厘米，床架层距 65 厘米，底层离地面 25 厘米（图 6 - 22，图 6 - 23）。中间走道 100 厘米，两边走道 50 厘米。棚架中柱高 3.7 米，边柱高 3.1 米。在床架顶上部固定若干拱形棚架，用粘接好的宽幅塑料薄膜将棚体整体覆盖，膜外再加盖草苫等遮阳物品。通气窗开设在大棚两侧，可以先在塑料薄膜上划开窗洞，再用大小相同的塑料窗纱粘上，窗的大小为0.4米×0.5米。大棚可以不设拔气筒，在门上部增设通气窗来代替。棚体要牢固，确保雨天不滴漏，下雪不凹陷。

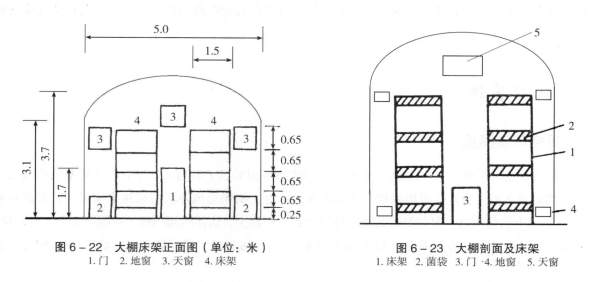

图6-22　大棚床架正面图（单位：米）
1.门　2.地窗　3.天窗　4.床架

图6-23　大棚剖面及床架
1.床架　2.菌袋　3.门　4.地窗　5.天窗

2. **地床栽培**（图6-24）　每个设施内设多畦，畦宽90厘米，长度依据设施宽度而定。

图6-24　地床栽培

处理好的菌棒直接铺放在地床表面进行栽培。由于地床栽培受温度、降水和刮风等自然气候影响较大，土壤中存在的不利因素也较多，环境条件控制难度较大，所以要选择好栽培季节，出菇前，对棚内和土壤要严格消毒1~2次，以防病虫害发生。

长根菇出菇场内需要有喷水用的胶管，有条件的可增设雾化喷灌装置，以保持出菇场地内空气相对湿度的稳定性。

十二、出菇管理

（一）调控环境温度

长根菇属变温结实型菌类，因此在原基形成期间需要10℃以上的温差，才有利于原基的形成及发育。如自然温差达不到要求，可以采取白天盖膜增温、晚上揭膜通风降温的措施来满足。长根菇在夏季35℃的高温下仍能出菇，但气温过高子实体消耗大，积累少，菇体柄细肉薄，很容易开伞，对产量、品质都有影响。因此出菇温度最好控制在26℃左右，高于26℃时，要通风降温，低于26℃则要注意盖膜保温。

（二）控制环境湿度

长根菇覆土后，畦面上覆盖地膜保持覆土湿润（图6-25），每天早晚向土面喷水保湿，保持覆土层含水量在65%左右，并使空气相对湿度保持在90%左右。喷水一定要做到少量多次，轻喷勤喷，避免喷水过大过猛，泥土溅到子实体上影响商品价值。

图6-25　畦面覆膜

喷水原则是：喷水要均匀、全面，不能有干湿不匀的现象。有条件者可采用雾化喷水设备喷水（图6-26）。喷水雾点要细，雾化喷头朝上或侧喷，以减少对幼菇的冲击。喷头移动时速度要均匀而有规律，高低一致，不能乱扫或忽高忽低，严禁停留在一个地方不动。喷水量和喷水次数要根据菇的多少、大小、天气等情况而适当增减，菇多时多喷，菇少时少喷；晴天多喷，阴雨天少喷；前期菇生长集中时多喷、勤喷，后期菇发生少时少喷。气温高于25℃，早晚或夜间通风喷水；气温低于15℃，中午通风和喷水。不打"关门水"，喷水后还要适当通风，确保菇盖表面不积水。采菇前不喷水，以防止长根菇子实体含水量过高，影响品质。

图6-26　雾化喷水

（三）加强通风

　　长根菇子实体生长阶段呼吸作用旺盛，需氧量大。因此菇房要保持空气新鲜，需随时注意通风换气。秋菇前期，尤其是第1~3茬菇发生期间，出菇多，需氧量大，更要加强菇房内的通风换气，保证菇体的正常生长和发育。在正常气候条件下，可采取长期持续通风的方法，即根据长根菇的生长情况和菇房的结构、保温、保湿性能等特点，选定几个通风窗长期开启。这种持续通风的方法，能减少菇房温度和湿度在短时间内的剧烈波动，保证相对稳定的空气流通。如果遇到特殊的气候条件如寒流、大风和阴雨天等，则通过增减通气窗的数量来调控通气量。有风时，只开背风窗，阴雨天可日夜通风。为了防止外界强风直接吹入菇床，在选择长期通风口时，应选留对着通道的窗口，不要选择正对菇床的窗口，同时要避免出现通风死角。通风换气要结合控温保湿进行，当菇房内温度在25℃以上时应加强通风；当菇房内温度在15℃以下时，应在白天中午打开门窗，以提高菇房内的温度。

（四）控制光照

　　长根菇覆土后，对光照条件要求不高，但是，子实体长出覆土层后，则需要一定的光照。一般在覆土后用小竹条、双层遮阳网做成小拱棚，满足三阳七阴的遮光条件，更有利于长根菇子实体的生长发育。

在上述管理条件下，经过 10 ~ 15 天的管理，即可形成子实体原基，并长出假根。原基继续吸收营养，并不断生长，3 ~ 5 天后突出土面形成菇蕾（图 6 - 27）。出土的菇蕾经过 7 ~ 10 天的生长，菌盖开始平展但边缘仍内卷，菌褶颜色为白色（图 6 - 28），就可以采收了。

图 6 - 27　菇蕾形成

图 6 - 28　长大的长根菇子实体

十三、采收

长根菇子实体发生季节在5~9月，气温较高。所以，商品菇应在六七分成熟（图6-29），菌盖尚未充分展开前采收，采大留小（图6-30）。如子实体开始释放孢子、菌盖边缘上翻、菌褶发黄（图6-31），此时已过采收期，其商品性将受到影响。采收前2天应停止喷水，使菇体组织保持一定韧性，以减少采摘时的破损。采收时用手指夹住菌柄基部轻轻向上拔起，随即用小刀将菌柄基部的假根、泥土和杂质削除（图6-32）。采收后要清理料面，养菌促下茬菇的发生。采摘一两批后袋面菜园土减少后要及时补土。

图6-29　六七分成熟的子实体

图6-30　成熟的和未成熟的长根菇子实体
1. 成熟子实体　2. 未成熟子实体

图6-31 过度成熟的长根菇子实体

图 6-32　削去杂质

　　畦床脱袋覆土栽培长根菇，一般可采收 2~3 茬菇，每茬菇间隔的时间为 12~15 天。80% 的产量集中在前 2 茬菇，第 1 茬菇产量可占前 2 茬菇产量的 70%。因此，抓好前 2 茬菇特别是第 1 茬菇的出菇管理特别重要。第 2 茬菇以后，床面出菇没有较明显的茬次。总生物学效率为 80% ~ 100%，高产者 120% ~ 140%。

十四、包装

　　长根菇适于鲜销，商品菇的菇盖褐色圆整，菌褶白色，柄长而脆（图 6-33、图 6-34）。可以按菇盖大小、菌柄长短进行分级，然后装入纸箱中或包装后（图 6-35）运送到市场销售。也可进行速冻或干制（图 6-36）。经过烘焙的干菇（图 6-37），香味很浓。干品应用塑料袋包装，防止返潮。

供图人：刘秋梅

图 6-33　刚采收的长根菇

图 6 – 34 削根去杂质后的长根菇

图 6 – 35 鲜销的长根菇

图 6 – 36　长根菇的干制

图 6 – 37　长根菇干品

第七章　长根菇工厂化高效栽培技术

导语：长根菇的工厂化栽培处于起步阶段，由于它不受季节的影响，可常年栽培，产量高，质量好，是今后商业化栽培发展的方向。

一、栽培场所选择

长根菇栽培场地应选择在地势高、通风良好、排水畅通、用电方便、交通便利的地方，并且要远离污染源，至少1 000米内无禽畜舍、无垃圾（粪便）场、无污水和其他污染源（如大量扬尘的水泥厂、砖瓦厂、石灰厂、木材加工厂等），远离医院、学校、居民区、公路主干线500米以上。产地环境应符合《无公害农产品　种植业产地环境条件》（NY/T 5010 — 2016）的要求。

生产用水包括拌料用水、菇床喷洒用水及生产环境湿度维持用水，应符合《生活饮用水卫生标准》（GB 5749 — 2022）的规定。

生产场地布局合理，生产区、加工区和原材料存放区应严格分开。生产区中原料区、拌料区、发酵区、装料区、灭菌区、冷却区、接种区、培养出菇区应紧密相连。废料堆放、处理区应远离生产区。各个区域要按照栽培工艺流程合理安排布局，做到生产时既井然有序，又省时省工。

二、菇房构造及设备配置

菇房采用钢结构或砖混结构建设，要求通风、保温、保湿。

温控菇房地面为水泥硬化地面，四周及房顶全部采用10厘米厚的夹心彩钢板（图7 – 1）。单库菇房大小以长20米、宽10米、高3.8米为宜。按冷库标准要求进行建造。制冷设备与冷库大小相匹配，配置水循环调温系统（图7 – 2）、风机及新风管道通风系统、喷淋管道保湿系统、充足的灯带照明系统和健全的消防安全设施。排水系统畅通，地面平整。菇房内每个过道安装照明日光灯2支。

图7 – 1　温控菇房

图7-2 水循环调温系统

三、菇房内栽培架的设计

栽培方式使用床架栽培，栽培架5层，架宽1.5米，层间距55厘米，底层离地面20厘米，顶层距房顶90厘米以上，架间走道80厘米。在顶层与天花板之间用无滴膜隔开，避免制冷机冷气直接吹到菌床。每层床架的背面要安装LED灯带或日光灯，灯带的多少要根据床架的宽度来确定，一般0.5米宽度就需安装一条灯带（图7-3）。

图7-3 床架构造及灯带安装

四、设施配置

菇房加湿配加雾器，要求雾化程度高，空间雾化均匀。每间菇房一侧配置进气风扇4台，另一侧设排气风扇4台。风扇要正对过道，进气扇在菇房的上部离屋顶50厘米，排气扇在菇房的下部离地面20厘米。要求风扇规格为250毫米×250毫米。

五、栽培管理技术

（一）生产流程

原种、栽培种制备→配料、拌料、装袋→灭菌→冷却、接种→发菌培养→菌包后熟→脱袋覆土或袋内覆土→出菇管理→采收、分级→预冷包装、冷藏或冷链保鲜运输。

（二）原料选择

主辅原料应选用干燥、纯净、无霉、无虫、不结块、无污染物，防止有毒有害物质混入。长根菇栽培原料主要有木屑（图7-4）、棉籽壳（图7-5）、玉米芯（图7-6）、甘蔗渣（图7-7）等，辅料主要有麦麸（图7-8）、玉米粉（图7-9）、豆粕（图7-10）、过磷酸钙（图7-11）、轻质碳酸钙（图7-12）等。

图7-4　木屑

图 7-5 棉籽壳

图 7-6 玉米芯

图7-7　甘蔗渣

图7-8　麦麸

图7-9　玉米粉

图7-10　豆粕

图 7 - 11　过磷酸钙

图 7 - 12　轻质碳酸钙

木屑应选用阔叶树木屑，木屑、玉米芯颗粒直径为 0.2 ~ 0.4 厘米。主辅原料符合《无公害食品 食用菌栽培基质安全技术要求》（NY 5099 — 2002）的规定。培养料配制用水和出菇管理用水卫生标准符合《生活饮用水卫生标准》（GB 5749 — 2022）的规定。

（三）培养料配方

长根菇栽培料配方应因地制宜，选择当地原料为主的配方：

配方 1：阔叶树木屑 77%，麦麸 10%，玉米粉 10%，轻质碳酸钙 2%，过磷酸钙 1%。

配方 2：阔叶树木屑 30%，玉米芯 50%，麦麸 10%，豆粕粉 7%，轻质碳酸钙 2%，过磷酸钙 1%。

配方 3：阔叶树木屑 30%，棉籽壳 50%，麦麸 10%，玉米粉 7%，轻质碳酸钙 2%，过磷酸钙 1%。

配方 4：阔叶树木屑 20%，玉米芯 30%，棉籽壳 30%，麦麸 10%，豆粕粉 7%，轻质碳酸钙 2%，过磷酸钙 1%。

配方 5：阔叶树木屑 40%，甘蔗渣 40%，麦麸 10%，豆粕粉 7%，轻质碳酸钙 2%，过磷酸钙 1%。

（四）备料

按照培养料配方，根据生产规模准备原辅料。玉米芯因其吸水速度慢，必须提前 1 ~ 2 天浸泡，以保证预湿彻底。木屑最好提前 1 ~ 2 月淋水、翻堆、发酵，以便于菌丝充分吸收其中的养分和彻底灭菌。

（五）拌料

工厂化栽培长根菇采用机械拌料，时间为 30 分，拌料时要求做到"三均匀一充分"：原料和辅料均匀、干湿均匀、酸碱度均匀，料吸水充分。培养料含水量应控制在 60% ~ 62%，pH 7。

（六）装袋

工厂化栽培采用自动化拌料、装袋一条龙生产线（图 7 - 13）。袋子规格为 17 厘米 × 36 厘米 × 0.04 毫米的聚丙烯塑料袋或聚乙烯袋，每袋培养料 1.1 ~ 1.2 千克，装料高度为 18 厘米。调节打孔机，使孔穴距袋底 3 厘米左右，装料松紧度均匀一致，插上专用塑料棒以防止空穴堵塞，然后套上套环和透气盖。

图 7 - 13　自动化拌料、装袋一条龙生产线

（七）灭菌

当天装袋，当天灭菌。可采用常压灭菌或高压灭菌。常压灭菌当料内温度达100℃后，保持恒温10~15小时。高压灭菌要求灭菌柜密封抽真空后122℃保持2~3小时。

（八）冷却、接种

将灭菌后的料袋及时放置于预先消毒的冷却室内自然冷却或强制冷却，待料温冷却至28℃以下，即可移入接种室接种。

接种前要确认栽培种质量，要求无杂菌污染，菌丝粗壮洁白，菌龄在菌丝满袋后5~10天。接种操作前开启接种室的空气动态消毒机，确保整个接种过程中接种空间处于无菌、正压状态。接种人员应穿戴已清洗消毒的衣、帽、鞋和口罩，通过风淋室洁净后进入接种室。生产中可采用自动化接种（图7-14），接种前各工作部件用75%乙醇喷雾擦拭消毒。接种工具用酒精灯火焰灭菌，接种过程严格无菌操作。同一批次灭菌的料袋必须一次接种完毕，并及时移入培菌室发菌。

图7-14　自动化接种

（九）发菌培养

长根菇菌丝适宜生长温度为23～28℃，最适温度为24～26℃。空气相对湿度为60%～70%。菌丝体生长阶段不需要光照。每天对流通风3～6次，每次30分，二氧化碳浓度控制在0.16%左右。培菌室发菌如图7-15。

图7-15　培菌室发菌

（十）后熟培养

30～40天菌丝长满菌袋后进入后熟培养（图7-16），在23～25℃继续培养20～30天，达到生理成熟。菌袋料面的气生菌丝变为褐色或少量黑褐色小菇蕾形成是菌袋达到生理成熟的标志，便可进入出菇管理。

图 7 – 16　长根菇菌丝后熟培养

（十一）覆土管理

　　覆土材料应选用天然的、未受污染的河塘土、泥炭土、草炭土、林地腐殖土或农田耕作层以下的壤土，要求质地疏松、毛细孔多、团粒结构好、透气保水性强、有机质含量较高、呈颗粒状。

　　覆土方式有两种：一种是袋内覆土，即将上端袋口拉直成筒装，或剪去料面以上塑料袋后再套上带有透气孔的塑料套筒，在袋内料面上覆土4厘米（图7–17）。

图 7 – 17　袋内覆土

另一种方式是脱袋覆土（图 7 - 18），将脱去菌袋后的菌棒立放于菌床上，菌棒中间留有 3 ~ 5 厘米距离用土壤填实，再进行覆土。覆土后调整土壤含水量为 30% ~ 40%，pH 6.7 ~ 7.2，注意覆土材料中生石灰加入量不超过 0.5%。菌棒第 1 次覆土 2 厘米左右喷水 1 次，然后补土 3 ~ 4 厘米，将畦面平整，喷适量雾化水保持覆土湿润即可。覆土后菇房空气相对湿度保持在 80% ~ 90%。菇房空间温度 20 ~ 30℃，昼夜温差控制在 8 ~ 10℃，利于刺激菇蕾形成。光照强度保持在 100 ~ 300 勒，少通风，保持菇房空气相对湿度稳定。

图 7 - 18　长根菇脱袋覆土

（十二）出菇管理

覆土后条件适宜 25 ~ 30 天开始现蕾出菇，进入出菇管理阶段（图 7 - 19）。此阶段温度要求菇房空间温度保持在 20 ~ 28℃（昼夜温差 4 ~ 8℃），菌床温度 20 ~ 24℃；要求土壤含水量 30% ~ 40%，空气相对湿度 80% ~ 90%；二氧化碳浓度 0.35% ~ 0.5%；光照强度 200 ~ 500 勒，光照时长 6 ~ 10 小时每天。

（十三）采收和分级

优质长根菇应在菌盖半展开时采收。采收前一天停止喷水，采收时用手捏菌柄基部轻轻扭动并连同假根一起拔起。采收时轻拿轻放，不要掰断菌柄，然后集中将菌柄基部的假根、泥土和杂质削除（图 7 - 20），分级包装。分级标准如下（图 7 - 21）：1 级菇，棕黑褐色，长度 40 ~ 60 毫米，直径 8 ~ 12 毫米，菇体完整、

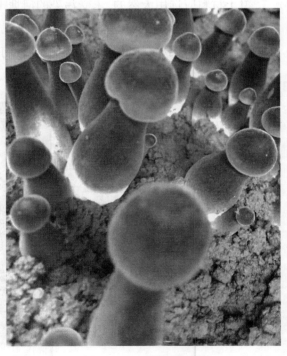

图 7 - 19　长根菇出菇

圆正，无泥菇，无气生菌丝，含水量88%~89%；2级菇，棕黑褐色，长度40~70毫米，直径4~12毫米，菇体较完整、无破损，无泥菇，无气生菌丝，含水量90%~92%；3级菇，棕黑褐色，长度70~120毫米，直径3~15毫米，菇体较完整、无破损，无泥菇，无气生菌丝，含水量90%~92%；4级菇（等外菇），长度40毫米以上，直径3毫米以下或15毫米以上，畸形菇、菇体破损25%以下，无泥菇，含水量90%~92%。

图7-20　长根菇削根分级

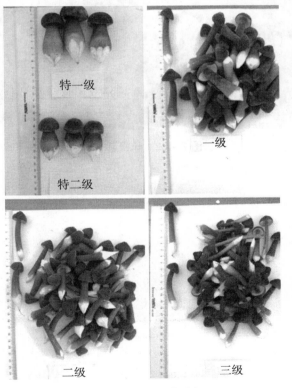

图7-21　长根菇分级

（十四）预冷包装

长根菇鲜菇分级后即可鲜销，为了远距离运输和延长货架期，一般情况下，鲜菇应于 0～1℃冷库中预冷 6～8 小时，再分装、排气、封口、装箱、入库（包装车间环境温度 8℃、空气洁净清新）。成品保藏库温度 0.5～1.5℃，空气相对湿度 75%～80%。分级包装冷藏后可陆续投放市场进行鲜销，保藏期 8～10 天。也可进行速冻、冻干、烘干（图 7－22）和加工罐头等。

图 7－22　长根菇干品

第八章　长根菇产品保鲜与采后增值技术

导语：本章重点分两节来分别介绍长根菇的保鲜技术和采后增值技术，使生产企业和菇农在生产长根菇时能够延长商品销售货架期，调节市场需求，规避市场风险，从而最大限度来保障生产企业和菇农种植效益。

第一节　长根菇产品保鲜技术

一、长根菇采收

　　长根菇出土后的菇蕾（图8-1）经过7～10天的生长，菌盖便开始平展但边缘仍内卷，菌褶呈白色，菌柄长10～15厘米，柄长而脆时为成菇期（图8-2），应及时采收。采收前两天停止喷水，使子实体组织保持一定的韧性，以减少采摘时的破损。若子实体开始释放孢子、菌盖边缘上翻、菌褶发黄、出现倒伏、组织变老，为开伞期（图8-3），表明已过采收适期，商品性已受损。

图8-1　菇蕾

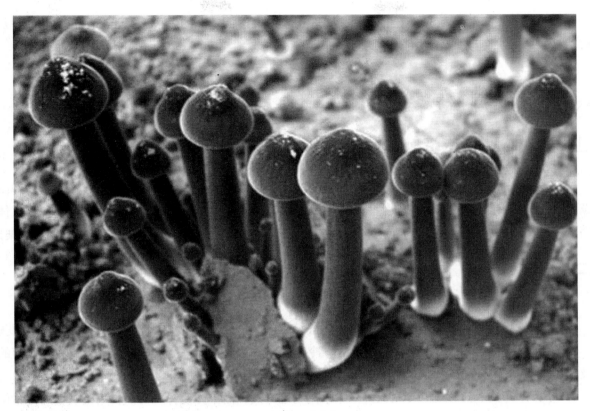

图 8-2 成菇期

图 8-3 开伞期

采收时用手指夹住菌柄基部轻轻拔起，随即用小刀将菌柄基部的假根、泥土和杂质削除，并及时将鲜菇送进冷库，分级包装上市销售或烘干加工。

二、长根菇保鲜储藏

（一）保鲜储藏原理

长根菇保鲜储藏原理就是在充分了解其生理变化基础上，通过一系列物理或化学的方法，抑制长根菇采后呼吸作用、蒸腾作用、相关酶的活性及代谢物质的变化等来减缓生理生化变化，使子实体的生命活动处于最低状态，抵抗病原微生物的侵染，从而提高其耐储性和抗病性，延长保鲜期和货架期。

（二）保鲜技术

1. 冷藏保鲜技术

1）冷藏保鲜的原理　冷藏是在高于食用菌冻结点的较低温度下进行的储藏方法，其温度范围一般为 -2~15℃，而2~8℃为常用的冷藏温度。冷藏食用菌的储藏期一般从几天到数周，因食用菌的种类及其冷藏前的状态而异。供食用菌冷藏用的冷库一般为高温（冷）库。

2）冷藏保鲜技术的特点　冷藏保鲜技术采用物理方法，简单方便，是目前食用菌主要的储藏保鲜方式。

3）长根菇冷藏保鲜技术　将经过采收、削根、分级包装后的长根菇移入冷库或放入冷柜中冷藏。成品保藏库温度0.5~1.5℃，空气相对湿度75%~80%。分级包装冷藏后可陆续投放市场进行鲜销，保藏期8~10天。

2. 速冻保鲜技术

1）速冻保鲜的原理　食用菌的速冻是采用快速冻结的先进工艺和专业设备，使子实体在低于 -30℃的环境下，迅速通过其最大冰结晶区，使其中心温度达 -18℃以下的冻结方法。冻结完成后，一般于 -18℃或更低温度下储藏。由于冻结速度快，能最大限度地保持菌类产品的色、香、味、形和维生素等营养成分。其产品质量均明显优于盐渍品和罐藏制品。

2）速冻保鲜技术的特点　速冻保鲜技术具有操作方便、冻结速度快、高效、干耗少、产品品质好、储藏时间长等特点，是一种最佳的保鲜储藏方式。但速冻设备投资较大，并且在运输和销售过程中容易发生温度波动，会导致冰结晶增大，从而使食用菌冻品品质下降。

3）长根菇速冻保鲜技术

（1）原料挑选　选择完整、未开伞、无泥根、无畸形、无机械损伤、无病虫害的新鲜长根菇为原料。

（2）清洗、速冻　将挑选好的长根菇清洗，冷却沥干水分，放在速冻机的传送带上，通过隧道移入冻结室进行冻结，冻结室温度一般为 −45 ~ −35℃，空气流速为 2 ~ 3 米/秒，冻结时间为 10 ~ 18 分。

（3）包装、冷藏　对速冻长根菇进行分级包装，内包装采用 0.09 ~ 0.12 毫米的聚乙烯薄膜袋，抽真空；外包装采用泡沫箱。包装后的长根菇移入低温冷库储藏，冷藏温度 −18℃ 左右。

3. 气调冷藏保鲜技术

1）气调冷藏保鲜原理　在冷藏的基础上依据食用菌的生理生化变化规律，通过调节储藏环境中二氧化碳及氧气的气体比例（适当提高二氧化碳浓度，降低氧气浓度），及时排除储藏环境中的乙烯，抑制食用菌的呼吸作用，降低呼吸强度，减少呼吸消耗，减缓其生理生化代谢进程，从而延长其储藏品质及货架期。这是一种物理保鲜技术。

2）气调冷藏保鲜技术的特点　气调冷藏保鲜的食用菌具有更长的保鲜期和货架期，便于食用菌的长途运输和外销。同时气调库中主要气体为氮气，并且储藏的食用菌无须保鲜剂等化学药品，所以从气调库取出的食用菌在库内无任何污染。但是气调冷藏保鲜需要专门的设备，投资大、成本高而难以普及和推广。

3）长根菇气调冷藏保鲜技术

（1）原料挑选　选择完整、未开伞、无泥根、无畸形、无机械损伤、无病虫害的新鲜长根菇为原料。

（2）预冷　挑选好的长根菇放入冷库中预冷 6 ~ 8 小时，使长根菇温度降到 2℃ 以下。

（3）气调冷藏保鲜　采用自发气调，氧气浓度为 2%、二氧化碳浓度为 6%。保鲜袋材质为聚乙烯塑料袋，冷藏温度为 2℃ ± 0.5℃。

4. 减压保鲜技术

1）减压保鲜的原理　将食用菌放入一个冷却密闭的容器内（储藏室），用真空泵抽出储藏室内的空气，使其获得较低的绝对压力。当达到所需要的低压时，新鲜空气不断通过加湿器和压力调节器以近似饱和的空气进入储藏室，真空泵不断工作，储藏室的食用菌不断得到新鲜、低氧、饱和的空气，从而有效抑制食用菌的生理代谢，延长其保鲜期。

2）减压保鲜技术的特点　通过减压处理的食用菌可延长储藏期 2 ~ 9 倍，减压保鲜设备具有快速降温、快速降压、快速脱气的优点，同时具有出库入库方便、可多品种大量堆放、杀死昆虫、抑制病菌、无缺氧伤害、低失水率、风味形态好等特点。

3）长根菇减压保鲜技术

（1）原料选择　选择完整、未开伞、无泥根、无畸形、无机械损伤、无病虫害的新鲜长根菇为原料。

（2）处理方法　将挑选好的长根菇装入聚乙烯塑料袋中，放入减压储藏设备中。

（3）储藏　温度 2℃ ± 0.5℃，空气相对湿度 90%，内压设置为 1 500 帕 ± 80 帕。

第二节 长根菇采后增值技术

长根菇的采后增值方法包括干制、盐渍、糖渍和罐藏。长根菇干制是通过干燥技术去除鲜长根菇子实体中的水分的过程，达到延长储藏期的目的；盐渍工艺的关键是处理用盐量和质量的关系；糖渍工艺的关键是糖煮和渗糖技术，控温、控压保障质量；罐藏加工的关键是杀菌和密封。

一、长根菇干制

（一）干制原理

长根菇干制也称烘干、干燥、脱水等，是在自然或人工控制条件下，利用热量去除长根菇子实体中的水分，获得较低含水量子实体的过程。干燥过程中多采用预热后的空气作为干燥介质，把热量传递给被干燥的长根菇，同时带走逸出的水分，从而实现长根菇的干制（图8-4）。

图8-4 正在烘房烘干中的长根菇

（二）长根菇干制技术

制出的长根菇干品，香味浓，口感好，便于保存、运输。经浸于水中复水以后，仍然可以烹调出各种美味佳肴，适合国内外消费者的需求。其干制的方法很多，较传统的有晒干法、焙笼烘烤法、火炕式烘房烘烤法、烟道式烘房烘烤法等，较先进的则有热风干燥法、微波干燥法、远红外干燥法、冷冻真空干燥法、减压干燥法等。这里只介绍晒干法和热风干燥法。

1. 晒干法 就是利用太阳的热能（大多数情况下再辅之以风吹）使鲜菇脱水干燥的方法。采用此法时，应选择受阳光照射时间长、通风良好、清洁干燥的地方。将鲜菇去净杂质后，依次摊铺于晒帘上，互不挤压。

晒帘以竹编或苇编为宜，勿用铁丝编的晒帘。白天出晒，晚上连同晒帘一起收回，排放于通风处或多层排于帘架上，散热晾风。不可收拢重叠，以免变形、发霉。通常晒1~2天，晒到半干时，即可将菇体一朵朵地翻起，使菇褶向上，直至晒干后收藏。此外，也可用线绳穿过长根菇菇柄，将其一个个串起来，挂在太阳下晒干。

晒干法的缺点是干制时间长，干品的含水量较高、质量较低，而且受天气好坏的影响很大，一般只适于小规模加工。在干制过程中，要注意随时收晒，千万不能让雨淋到菇体上，否则菇体干后会变成黑褐色，而且菇体也变脆易碎。若遇到阴雨连绵，则更易造成鲜品腐烂，严重影响品质。

因此，采用晒干法干制时，最好能和其他干制方法结合起来，在天气不好的情况下，能够及时采取措施使菇体干透。

2. 热风干燥 也称干热气流干燥法，是使干热气流通过长根菇等菇体表面，使水分快速蒸发的干燥方法。该法具有脱水速度快、效率高、不受天气限制、干品质量上乘、耐久藏等优点，适用于大规模生产。鲜菇开伞后采用此法加工，可提高质量。现在主要采取燃气或电源为能源的热风干燥机来进行干制。

长根菇烘干法工艺流程如下：

原料验收→分级装盘→装入推车→推入烘房→烘干→干品包装。

1）原料验收 要求长根菇子实体新鲜、无残缺、无泥根、无霉烂菇、无虫蛀、无有害杂质。

2）分级装盘 将长根菇按子实体大小和有无开伞分级，按不同级别分开装盘。

3）装入推车 开伞菇单独装盘，把装开伞菇的托盘置于小推车最下层，然后按照长根菇子实体从小到大分级后的托盘依次从下到上装入小推车，即将长根菇大的、菌盖厚的及含水量高的放在上层，小而薄及含水量低的放在下层。

4）推入烘房 为防止在烘烤过程中菌盖伸展开伞，降低品质，在鲜菇放入烘房前，先把烘房增温至35~40℃，然后把分级装好的小推车推入烘房。

5）烘干 在长根菇烘烤的前期，烘烤室温度设定为35~40℃，应全部打开排潮孔或排风扇，此阶段控制在3~4小时。在长根菇烘烤中期，把温度设定为50℃±5℃，烘烤时间8~10小时。在长根菇烘烤后期，把温度升至60℃，此阶段温度不能超过65℃，直至烤干。

6）干品包装　应严格按照产品要求的操作规程和标准分级包装，包装好的干制品（图8-5）要储存在避光、干燥、低温的地方。

图8-5　袋装干制长根菇

二、长根菇盐渍

利用盐渍技术，将食用菌制成盐渍品，可以直接供应市场，也可以脱盐进一步加工成产品。食用菌盐渍，设备简单，成本低，效果好，适用于绝大多数食用菌。

（一）食用菌盐渍原理

食用菌盐渍的基本原理是新鲜食用菌放入高浓度的食盐溶液中，食盐溶液产生的高渗透压，抑制或破坏微生物的生长活动，从而达到储藏的目的。1%食盐溶液可产生0.617兆帕的渗透压，20%左右食盐溶液可产生12.34兆帕的渗透压。一般微生物的渗透压为0.343~1.637兆帕。在高渗透压的作用下，微生物细胞内的水分外渗脱水，造成细胞质和细胞壁分离，出现"生理干燥"现象，从而生长繁殖被抑制甚至死亡。

（二）长根菇盐渍技术

1.长根菇盐渍工艺流程

采收→分级→清洗→漂烫→冷却→盐渍→调酸→装桶、成品。

2. 长根菇盐渍技术

1）采收与分级　按照长根菇的采收规范进行采收，根据客户要求或长根菇的等级标准进行分级。从采收到分级的运输时间尽可能短，如果运输时间长，宜采用冷藏车，或用0.6%盐水浸泡。

2）清洗　将长根菇用清水漂洗，洗去菇体表面的泥沙和杂质。或将长根菇置于1%盐水中浸泡清洗，去除菇体表面的泥沙和杂质。

3）漂烫　漂烫的主要作用是排出组织中的空气，灭酶，破坏细胞壁结构，增强细胞透性，利于食盐渗入组织；软化组织，缩小体积，便于加工。漂烫方法有两种，一种是沸水法，就是将水煮沸或接近沸点，投入长根菇，要求长根菇为水量的30%~40%，漂烫时要注意上下轻轻翻动，受热均匀，漂烫时间6~8分。鉴定漂烫完成的方法为把长根菇放入冷水中，若下沉即完成漂烫。另一种是蒸汽法，就是利用蒸汽进行漂烫，时间为5~10分。

4）冷却　冷却的作用是终止热效应。冷却不完全，热效应继续，长根菇的色泽、风味、组织结构会发生改变，盐渍时容易腐烂、发臭。冷却的方法为预煮后的长根菇，立即放入流动的冷水中或用4~5个不锈钢水池轮流冷却。冷却后进行沥水5~10分，以备盐渍。

5）盐渍、调酸　在塑料桶内（图8-6、图8-7）或盐渍池（图8-8）中先铺上一层2厘米左右的食盐，再铺一层5cm厚的长根菇，然后再放置一层盐，如此循环，一层长根菇一层食盐，放置完毕后，用重物将其压住，然后加入煮沸后冷却的饱和食盐水，调整pH为3.5左右，盖上纱布，防止杂物进入。

图8-6　盐渍的长根菇

图 8 - 7　桶装盐渍菇

图 8 - 8　盐渍池盐渍菇

6）装桶　将盐渍并进行调酸后的长根菇盖严桶盖，桶外标明品名、等级、毛重、净重、产地。

三、长根菇糖渍

糖渍是食用菌采后增值常用方法之一。食用菌糖渍制品包括蜜饯类、果脯类等。食用菌糖制品具有特殊的风味，制作工艺易于掌握，厂房可大可小。对于开发利用食用菌资源、发展经济有着重要意义。本书以制作长根菇脯为例，介绍制作工艺。

（一）长根菇脯工艺流程

原料选择→清洗→漂烫→修整→护色→糖渍→糖煮→干燥→包装。

（二）长根菇脯加工操作要点

1. **原料选择**　选择未开伞、大小中等、色泽正常、菇形完整、无病虫斑点、去除泥根和杂质的新鲜长根菇。

2. **清洗**　将新鲜长根菇及时用水清洗干净，然后快速捞出，沥干水分。

3. **漂烫**　漂烫锅中放入清水并加入 0.8% 柠檬酸，煮沸后将沥干的长根菇放入，继续煮 5~7 分，捞出后立即在流动清水中漂洗，冷却至室温。

4. **修整**　用不锈钢刀对个头较大的菇体进行适当切分，并剔除碎片及破损严重的菇体，使菇块大小一致。

5. **护色**　护色剂为 0.2% 焦亚硫酸钠溶液，并加入适量的氯化钙。放入菇块，浸泡 7~9 分，捞出后再用流动清水反复漂洗干净。

6. **糖渍**　取菇块重 40% 糖，一层菇一层糖，下层糖少，上层糖多，表面覆盖较多的糖。24 小时后，捞出菇块，沥去糖液，调整糖液浓度为 50%~60%，加热至沸，趁热倒入浸菇缸中，要浸没菇块 24 小时以上。

7. **糖煮**　将菇块连同糖液倒入不锈钢夹层锅中，加热至沸，并不断向锅中加入白砂糖，当菇体成透明状，糖液浓度达 62% 以上。然后将糖液连同菇体倒入缸中，浸泡 24 小时后捞出，沥干糖液。

8. **干燥**　将沥干糖液的菇块放入托盘中，干燥温度 65~70℃，时间 15~18 小时，当菇体成透明状，不粘手时即可取出。

9. **包装**　干燥后的产品，进行抽样质检，合格后用包装袋包装。

四、长根菇罐藏加工

食用菌罐藏是以食用菌子实体为原料，经预处理（包括清洗、切片、去杂、修整等）、漂烫、调味或直接灌装、加调味液、排气、密封、灭菌、冷却等工艺制作而成的可以长期储存的产品的采后增值方法。罐藏食品经久耐储，常温下可以保存 1 ~ 2 年，食用时无须经过另外的加工处理，不受季节和地区限制，随时供应消费者，无须冷藏就可长期储存，具有营养丰富，安全卫生，运输、携带、食用方便等优点。

（一）长根菇的罐藏工艺流程

原料采收→修整→漂洗→漂烫→冷却→装罐→加汤汁→排气密封→杀菌冷却→质检→包装入库。

（二）长根菇的罐藏操作要点

1. **原料选择**　严格按照长根菇等级标准进行验收，标明等级。

2. **修整、漂洗**　剔除杂物及开伞、残缺等不合格菇。菇根基部要用小刀将泥沙削除干净，然后立即用清水漂洗干净（图 8 - 9）。

图 8 - 9　清洗分拣车间

3. **漂烫与冷却**　将清洗好的长根菇通过输送带输送到连续式漂烫预煮机（图 8 - 10）内进行漂烫。漂烫用水事先加热沸腾，水温控制在 100℃，漂烫时间 5 ~ 8 分。漂烫好的长根菇及时输送到冷却槽内用流动水冷却，水质要符合卫生要求。冷却至手触没有热感时，捞出并沥干水分。冷却时间过长，菇汁浸出，风味下降，影响产品质量。

图 8 – 10 漂烫预煮机

4.装罐 冷却后的长根菇按菌盖朝上码放整齐、按罐藏质量要求称重后装罐（图 8 – 11）。装罐要求菌柄朝下、菌盖朝上。

图 8 – 11 装罐车间

5. **汤汁配制及加注** 用热水 49 千克，加入 1 千克食盐，25 克柠檬酸，待食盐充分溶化后，用绒布过滤，汤汁温度控制在 70~80℃，加至离瓶口 1 厘米；若是马口铁罐（图 8-12），加注至汤面距罐口 5~8 毫米。

图 8-12 马口铁罐

6. **排气、封罐** 封罐时，可视条件采取排气密封或真空密封。排气密封时罐内的中心温度须保持在 75~80℃，其罐内真空度要求 46.67~66.67 千帕。

7. **杀菌、冷却** 封罐后的罐藏品要及时高压蒸汽杀菌（图 8-13）。通入蒸汽升温，使温度在 15 分内达到 121℃，121℃维持 20 分，然后排气降温，降温时间 15 分。杀菌结束后，立即进行冷却，使罐藏品内部温度快速降低到 40℃以下。

图 8-13 高压灭菌锅

8.质检、包装   杀菌冷却后的罐藏品进入常温库码放,入库储存的罐藏品要进行包装,包装前质检员要进行检验,挑出低真空罐、废次品罐,擦净罐面,贴标装箱(图8-14、图8-15)。

图8-14   罐藏品包装车间

图8-15   罐藏品成品

参考文献

[1] 李玉，李泰辉，杨祝良，等.中国大型菌物资源图鉴 [M].郑州：中原农民出版社，2015.

[2] 李玉，康源春.中国食用菌生产 [M].郑州：中原农民出版社，2020.

[3] 李玉，张劲松.中国食用菌加工 [M].郑州：中原农民出版社，2020.

[4] 四川省质量技术监督局.长根菇生产技术规程：DB 51/T 1028 — 2010.

[5] 丽水市市场监督管理局.长根菇生产技术规范：DB 3311/T 110 — 2020.

[6] 湖南省市场监督管理局.黑皮鸡枞栽培技术规程：DB 43/T 1726 — 2019.

[7] 钟祝烂，益志能.长根菇工厂化栽培技术 [J].食用菌，2017, 39(2):51 – 53.

[8] 万鲁长，任海霞，任鹏飞，等.长根菇控温菇房周年化立体栽培关键技术 [J].食用菌，2020，42(1):49 – 50, 53.